Atrapades en el temps

Atrapades en el temps

Gemma Puig i Mònica Usart

Univers

Primera edició: març 2021
Disseny i maquetació: Tamara Sánchez
Fotografia de coberta: © Ariadna Arnés

Edició: Jose M. López
Coordinació editorial: Anna López
Direcció editorial: Ester Pujol

Univers és un segell de Grup Enciclopèdia
Josep Pla, 95
08019 Barcelona

Imprès a Romanyà Valls

Dipòsit legal: B-40-2021
Imprès a la UE
ISBN: 978-84-18375-35-4

Als nostres pares per tot el que ens han donat,
i als nostres fills, el Bernat, la Tanit i l'Elna.

Índex

Pròleg d'Eloi Cordomí

Ja era hora que s'expliqués en un llibre el paper de les dones en el món de la meteorologia *moderna*, i em sap greu haver de remarcar això de moderna, perquè la figura de la dona en la història d'aquesta ciència ha estat molt poc rellevant fins fa unes quantes dècades. He hagut de remenar força entre la meva biblioteca de meteorologia i alguns articles d'internet per trobar-ne referències històriques. Les primeres les he descobert entre els déus romans i grecs que les antigues cultures feien servir per explicar els fenòmens meteorològics. En aquesta època hi va destacar l'encantadora deessa de l'aurora, Eos, que s'encarregava d'anunciar l'arribada del seu germà Hèlios, el Sol.

A la cultura cristiana també apareixen algunes figures femenines rellevants, com ara santa Bàrbara, que va morir al cim d'una muntanya decapitada pel seu propi pare com a càstig per haver-se convertit al cristianisme. La història explica que immediatament després d'executar-la, el seu pare va ser fulminat per un llamp, raó per la qual l'Església la va anomenar santa protectora de les persones davant les tempestes.

Joan Amades també recull explicacions esotèriques de fenòmens meteorològics adversos, com ara les pedregades, que aparentment són fruit de la fúria de bruixes i no pas bruixots, «uns éssers malèfics que no poden resistir cosa beneïda, i, per tant, les pedregades són combatudes per mitjà de forts tocs de campanes».

Passades aquestes èpoques més fosques des del punt de vista científic, a partir del segle XV apareixen nombrosos investigadors i exploradors que s'enduen els mèrits dels grans avenços en el camp de la meteorologia experimental i observacional. Al cap d'uns segles, eclipsades entre tot de noms masculins, comencen a obrir-se pas les primeres dones científiques, com Eunice Foote, que a mitjans del segle XIX va descobrir l'efecte hivernacle, un dels fenòmens més estudiats avui dia. Foote va ser una climatòloga nord-americana, ferma defensora dels drets de les dones.

En les últimes dècades han anat apareixent més noms femenins, alguns dels quals coneixereu en aquest llibre. Això no treu que, actualment, el món de la meteorologia encara estigui monopolitzat per homes. Només cal mirar l'espai del temps de TV3 o de moltes altres cadenes de televisió per adonar-se que la majoria de meteoròlegs som homes, com també ho són les persones que ens envien dades, fotos i vídeos.

Per sort, els últims anys cada vegada hi ha hagut més dones que han jugat un paper clau en el desenvolupament d'aquesta ciència, i algunes les tenim ben a prop. Com a estudiant, i també durant la meva carrera professional, he tingut la sort de compartir experiències amb moltes de les dones que coneixereu en aquest llibre; de fet, amb la Mònica i la Gemma hi mantinc una estreta relació professional i d'amistat. Les admiro per les seves idees innovadores, per la seva capacitat de treball i de creixement i també per haver impulsat una idea tan encertada com la del llibre que teniu entre mans.

Així doncs, de la mateixa manera que el meu interès per la meteorologia va començar llegint les històries dels meus admirats homes del temps, espero que aquest llibre serveixi per despertar noves passions meteorològiques als futurs professionals de la meteorologia d'aquest país.

INTRODUCCIÓ

Aquest llibre ha arribat fins a vosaltres perquè un bon dia dues meteoròlogues vam decidir escriure alguna cosa a quatre mans. Bé, a més de quatre mans, perquè no només parlem nosaltres dues, sinó moltes altres dones que ens explicaran des de quan miren el cel, i els seus records i experiències amb la meteorologia.

Nosaltres, la Gemma i la Mònica, la Puig i la Usart, vam començar juntes un camí. Ens vam conèixer en un càsting per fer l'espai del temps els caps de setmana al 3/24. Ens van agafar a totes dues i ens vam anar intercalant una setmana cadascuna. No treballàvem mai juntes, però sabíem que hi érem. Dos anys després, la Mònica va marxar i la Gemma va continuar el seu camí dins de la casa, a TV3. Poc després, la Mònica va passar a ser la meteoròloga dels matins a RAC1 i RAC105 i, paral·lelament, la Gemma es va incorporar a l'espai del temps dels matins. Ara sí, treballàvem a la vegada, a l'hora en què Catalunya es llevava, però en llocs diferents. Amb els anys, ens hem retrobat, i la bona sintonia ens ha dut a crear aquest projecte juntes. Al principi, això havia de ser una guia de meteorologia per a tots els públics, però arran de les històries que anàvem compartint, va sorgir una nova idea: volíem saber les experiències d'altres dones apassionades per la méteo. Una idea que va agafar més força pel fet de portar-la a terme juntes.

Els darrers anys, les meteoròlogues que ocupem els espais dins dels mitjans de comunicació hem crescut en nombre alhora que guanyem importància dins de les organitzacions i empreses. Abans era estrany trobar una dona fent el temps a la televisió o a la ràdio. Per sort, arreu del món, aquest espai a poc a poc també l'anem fent visible. Però en aquest llibre no només ens volem centrar en aquelles dones que veieu o escolteu, sinó també en les que, en silenci, fan una gran feina que serveix de base a tot el que després acaba arribant per les pantalles i ràdios a casa vostra. Observadores meteorològiques, catedràtiques, professionals del Servei Meteorològic de Catalunya... Entre totes ens acabem complementant i fem que la informació meteorològica cada cop sigui més rica i precisa.

Hem volgut que totes elles hi participin explicant d'on venen, què fan, quin episodi meteorològic les ha marcat més i quina reflexió fan respecte el canvi climàtic, el futur del planeta i la nostra societat. Els hem demanat que ens ho expliquessin des del punt de vista més personal, perquè volíem captar la seva essència. D'altra banda, nosaltres dues ens hem dedicat a analitzar la part més científica lligada als episodis que cadascuna ha proposat. Ens hem ajudat d'informes del Servei Meteorològic de Catalunya, i també hem afegit altres fenòmens relacionats amb el que elles ens explicaven.

Una breu història

Volem començar referint-nos a la que probablement va ser la primera dona del temps que va sortir a la televisió: **Carol Reed**. Va presentar l'espai del temps des de l'any 1952 fins al 1964 en els informatius de la WCBS-TV, a Nova York.

Tot i no tenir la formació de meteoròloga (cosa que avui dia encara passa, i és que hi ha periodistes que no tenen els estudis de meteorologia però en canvi s'hi especialitzen), es va fer molt popular entre l'audiència, especialment per com s'acomiadava, dient sempre: «*Good night and be happy*», bona nit i sigueu feliços. Un cop va acabar la seva trajectòria en aquest canal, va anar a parar a l'emissora WCBS (AM), on va presentar un programa de ràdio.

Un altre dels noms que ressonen és el de **June Bacon-Bercey.** Va ser la primera afroamericana que va rebre la distinció de l'American Meteorological Society en reconeixement a la seva tasca de difusió de la meteorologia a la televisió quan treballava a Buffalo, a l'estat de Nova York, als anys setanta. A més, va donar un gran impuls al món de les dones científiques quan va entrar a formar part del Comitè de Dones i Minories en Ciències Atmosfèriques de l'AGU. També va ser una de les fundadores de la Junta de Dones de les Minories de la Societat Meteorològica dels Estats Units.

A Europa, i en concret a la Gran Bretanya, els professionals del temps van ser durant dècades persones molt conegudes. La primera dona que va aparèixer a la BBC va ser **Barbara Edwards**, el 1974. Edwards havia treballat al Servei Meteorològic de la Gran Bretanya, el MetOffice. Mentre va ser dona del temps, va rebre moltes crítiques dels espectadors. Li enviaven cartes criticant la seva manera de vestir, cosa que no passava als seus companys masculins. Fins i tot en una entrevista va compartir el seu neguit: «A algunes persones els agrada ser personatges públics i reconeguts, i odiarien no ser-ho. En el meu cas, fins que no m'hi vaig trobar, no em vaig adonar que no m'agradava i que volia mantenir la meva privacitat. Sortint a la tele, però, era impossible». Finalment va deixar la televisió el 1978.

Si ens anem acostant a casa nostra, la primera dona del temps que vam veure a la televisió espanyola, a TVE, va ser **Pilar Sanjurjo** als anys setanta. Meteoròloga i especialitzada en previsió marítima, prèviament havia estat a l'Instituto Nacional de Meteorología (INM), una tasca difícil perquè en aquells moments la institució formava part del Ministeri de l'Aire i fins llavors s'havia impedit que les dones hi entressin. El seu primer destí va ser l'Oficina Meteorològica de l'aeroport del Prat. Durant aquells anys va conèixer Eugenio Martín Rubio (famós per haver-se jugat el bigoti en una previsió de nevades i haver-lo perdut), que també treballava a l'INM i a TVE, i li va proposar cobrir-lo durant les vacances. D'aquesta manera, Sanjurjo va esdevenir la primera dona del temps de la petita pantalla a Espanya.

Si ens centrem a Catalunya, vam haver d'esperar una mica més. La primera cara femenina que es va posar davant dels mapes per informar-nos del temps des del televisor va ser **Anna Rius**, el febrer del 1989 a TV3. Actualment treballa al Servei Meteorològic de Catalunya.

Les dones del temps en els mitjans de comunicació no només han sigut de carn i ossos, sinó també virtuals. Per això, també volem fer esment de la **Tuixén**, la meteoròloga virtual del programa *Temps de neu* de Televisió de Catalunya. Es va crear el 2006 i era una presentadora virtual que donava de manera automatitzada el pronòstic i l'estat de les pistes d'esquí. Qui sap si mai tindrem una Usart i una Puig virtuals. Si fos així, esperem que ens cobreixin a primera hora!

Tampoc ens podem estar de recordar la **marmota Phil**. Des de l'any 1887, cada 2 de febrer, a Punxsutawney (Pennsilvània), la marmota anuncia si l'hivern s'acaba o si encara té corda per a setmanes. Si la marmota surt del cau i veu la seva pròpia ombra perquè fa sol, s'espantarà i tornarà cap al cau per continuar hibernant, i això vol dir que el fred encara s'allargarà sis setmanes més. En canvi, si surt i no es veu l'ombra, perquè fa núvol, es quedarà fora del cau, i això simbolitza que l'hivern s'ha acabat i que tindrem una primavera avançada. Malgrat que té un encert per sota del 40%, cada any moltíssimes persones segueixen en directe aquesta tradició, i la marmota fins i tot té una comitiva pròpia formada per uns senyors amb frac que s'hi posen al darrere. A casa nostra, fem cas a la **Candelera**. La dita popular diu: «Si la Candelera plora, l'hivern és fora. Si la Candelera riu, l'hivern és viu».

Fora dels mitjans de comunicació, en el camp de l'efecte hivernacle, hi ha un nom que destaca i és el d'**Eunice Foote**. Va ser la primera persona de plantejar la idea que l'augment de la concentració de CO2 a l'atmosfera podia provocar una pujada important de la temperatura. Malgrat això, sempre es parla de John Tyndall o de Steven Arrenhius com a primers científics que van remarcar aquest fet. Aparentment, Foote va plantejar aquesta hipòtesi tres anys abans que ho fes Tyndall, l'any 1856. Foote va presentar l'estudi a la reunió anual de l'Associació Americana per l'Avenç de la Ciència d'aquell any, però ho va fer amb un nom d'home, i va passar desapercebuda mentre centenars d'homes discutien sense avançar. No va ser fins l'any 2010 que es va reivindicar aquest estudi i la seva autora. Eunice Foote va comprovar l'efecte hivernacle de manera experimental utilitzant tres campanes de vidre plenes d'aire, amb vapor d'aigua i diòxid de carboni, on hi incidia la radiació solar i recreava la nostra atmosfera.

Finalment, no ens volem oblidar de la primera dona que va obtenir un títol en meteorologia. Va ser **Joanne Gerould Simpson** l'any 1949, amb una llicenciatura a la Universitat de Chicago. Un fet impensable dins d'una comunitat que en aquell moment no veia amb bons ulls que una dona es llicenciés. Va ser membre de la National Academy of Engineering, professora i investigadora dins del camp de la meteorologia en diverses universitats, i es va especialitzar sobretot en meteorologia tropical, de la qual va estudiar fenòmens tan destructius com ara els huracans.

Des d'aleshores ha plogut molt, i avui dia tenim la gran sort que tant dones com homes encaren llicenciatures científiques lligades estretament al món de la meteorologia, enriquint cada dia més el seu coneixement.

Havent fet un repàs del passat de la meteorologia en clau femenina, ara encarem el present i el futur de la mà de les nostres dones del temps.

MÒNICA LÓPEZ

La Seu d'Urgell, 1975.

Dirigeixo i presento *La Hora de la 1* a TVE, a Madrid. Abans, vaig ser cap de meteorologia de RTVE i presentadora d'*El Temps2*. Durant cinc anys, també vaig presentar l'espai del temps a TV3 i vaig ser la meteoròloga al programa d'*Els Matins.*

Em dedico a la meteorologia des que vaig acabar la carrera, el 1997.

De gran volia ser professora de matemàtiques.

Quin és el teu fenomen preferit?

L'arc de Sant Martí. Els fenòmens òptics són d'aquelles coses que semblen més pròpies del món de la màgia, però que tenen una explicació física.

Quin episodi recordes especialment?

Us parlaré de la neu, de dos episodis que he viscut en primera persona, però de maneres molt diferents, i que recordo com si fos ahir. Bé, un ahir i l'altre, abans-d'ahir.

El 9 de gener del 2009 feia quatre mesos que exercia de cap de meteorologia a TVE. A primera hora del matí va començar a nevar a Madrid. Era una nevada molt fina, però si neva a Madrid, és notícia. Vaig decidir anar-me'n de seguida a la feina, amb moto... Sí, amb moto. Nevava poquet, no agafava, i amb moto eren només cinc minuts. Just en arribar a la porta de Torrespaña, la roda de darrere va relliscar una mica. Per sort, només va ser un ensurt. Devien ser vora les vuit del matí. Nevava i la temperatura era inferior a zero. En poc més d'una hora els carrers de la ciutat es van convertir en pistes de patinatge. Des de la finestra vèiem la sortida est de la ciutat. En pocs minuts es van produir una desena d'accidents a la ciutat de Madrid i voltants. La neu va continuar caient sobre la capa de gel. Madrid es va paralitzar. L'aeroport de Barajas també.

No estava previst. Els models matemàtics que consultem per pronosticar el temps predeien precipitació fins a Guadalajara, però sense entrar a la Comunitat de Madrid. Van fallar per quilòmetres. Enmig del caos, la batalla política va esclatar de seguida. La Comunitat deia que no hi havia prou màquines llevaneu i apuntava al Govern central. La ministra de Foment de llavors, Magdalena Álvarez, va assumir errades i va demanar disculpes, però va acabar apuntant directament als meteoròlegs: *«Les invito a que miren las previsiones que ofrecieron ayer las televisiones»*. L'Agència Estatal de Meteorologia (AEMET) tenia activat l'avís groc a primera hora: s'esperaven com a molt dos centímetres de neu. Va ser la primera vegada que tenia els editors dels informatius mirant-me fixament, buscant respostes. «Com ha pogut passar?». «De qui és culpa?». O pitjor, «Qui té raó?».

La meteorologia és així: la nevada no estava prevista, i encara menys amb temperatures negatives. A més, tot va passar a primera hora, i en una ciutat tan gran. La primera vegada, però no l'última.

Catorze mesos després, **el 8 de març del 2010**, jo estava molt embarassada i un parell de dies abans havia agafat la baixa i me n'havia tornat a Barcelona. Recordo veure des de casa meva (un cinquè al Guinardó) com la neu començava a caure. Neu a Barcelona! No recordo si estava previst o no. Només recordo estar al costat de la finestra i veure com la cortina de neu s'anava fent cada cop més i més densa; ja no es veia el mar al fons, i els edificis anaven desapareixent fins que la nevada es va tornar aclaparadora.

Primera reacció: la professional. Vaig trucar al meu equip de Madrid. Els deia que nevava molt, i la resposta d'entrada va ser un: «Sí, ja ho sabem». I jo: «No, no! Això no és una nevada, és una nevada històrica! Neva com quan ets a pistes! Els flocs són molt grossos, gairebé no veig l'edifici de davant!». Un cop vaig aconseguir que s'adonessin de la magnitud de la tragèdia vaig passar a la segona fase: la personal. Vaig patir alguna estona de pànic: el pare de la criatura estava de viatge, jo estava sola a casa i, la ciutat, a punt del col·lapse. A més, tenia revisió al metge. M'hi havia d'acompanyar l'avi de la criatura, però el cotxe li va relliscar a l'avinguda de la Verge de Montserrat i va haver de deixar-lo allà tirat. Qui porta cadenes al cotxe, a Barcelona? Al final vaig baixar al carrer amb la meva panxa gegant. Pel carrer de Sant Quintí acabava de passar una màquina llevaneu per alliberar l'entrada d'urgències de l'hospital de Sant Pau. Vaig anar al metge amb metro, enmig d'una ciutat que no deixava de sorprendre's. Vam recuperar la normalitat al cap de pocs dies, malgrat que a altres indrets de Catalunya van trigar molt més, sobretot a restablir el corrent elèctric. Tretze dies més tard, va néixer la meva filla.

L'ANÀLISI DE LA GEMMA I LA MÒNICA

La segona nevada que recorda la Mònica és una de les més destacables i recordades de les últimes dècades, per la seva extensió, intensitat i, com ella diu, pel grau d'afectació que va tenir en la ciutadania.

L'element meteorològic que va provocar aquella nevada va ser una massa d'aire molt fred que va arribar a les capes altes de l'atmosfera, a uns 5.500 m. En aquesta altura hi havia una temperatura d'uns -30 °C. A aquesta entrada d'aire tan fred en altura cal afegir una borrasca que es va formar ràpidament al Mediterrani i que va impulsar aire humit de mar cap a terra.

Les precipitacions van començar el dia 7 de manera més feble, i el dia 8 van ser més generals. Sobretot a la tarda van afectar el Prelitoral i Litoral de Barcelona i de Girona. La cota de neu va baixar des dels 300 m fins arran de mar.

L'episodi va deixar més de 100 mm d'aigua en 24 hores i acumulacions de neu de més de 30 cm. Tot plegat acompanyat de molta activitat tempestuosa, que va fer intensificar la nevada. Normalment, a Catalunya, la neu no cau en forma de tempesta. Aquell dia sí. I això va ajudar a fer descendir la cota. A causa de l'extensió del temporal, la nevada va provocar que s'aturés la vida de molta gent. Milers de persones van dormir en pavellons o van quedar hores i hores atrapades en diverses zones intentant tornar a casa. Es va paralitzar gairebé tot el transport: ni cotxes, ni autobusos, ni trens...

La neu no va arribar sola, sinó acompanyada d'un temporal de vent i de mar, amb onades que van superar els 8 m a la Costa Brava. Un cop la pertorbació responsable de la precipitació es va allunyar cap a l'est, mar endins, va entrar un aire més fred, però sec, que va fer caure la temperatura fins als -21 °C a alta muntanya

REGISTRES

Els registres més importants de neu van arribar als 60 cm. A Barcelona i la seva àrea metropolitana, el gruix de neu no va arribar a tant, però es van acumular 20 cm a l'Observatori Fabra i 10 cm a Badalona.

Població	**Comarca**	**Gruix**
Rupit	Osona	60 cm
Santa Pau	la Garrotxa	60 cm
Pujalt	l'Anoia	55 cm
Sant Pau de Segúries	el Ripollès	52 cm
Bagà	el Berguedà	45 cm
Cardona	el Bages	40 cm
La Bisbal d'Empordà	el Baix Empordà	40 cm

Moià	el Moianès	40 cm
Guissona	la Segarra	40 cm
Berga	el Berguedà	39 cm

Com que es tractava de llocs molt poblats i poc habituats a la neu, la situació va provocar greus problemes de trànsit i talls persistents de corrent elèctric, causats per la caiguda de torres d'alta tensió, especialment a les comarques gironines. A Barcelona no es veia nevar així des del 1986.

Els dies 9 i 10 de març es van registrar rècords de fred a alta muntanya que superaven l'anterior fredorada rècord de l'any 2005.

Estació meteorològica	**Comarca**	**Temp. Mínimes**
Boí (2.540 m)	l'Alta Ribagorça	-20,8 °C
Salòria (2.445 m)	el Pallars Sobirà	-20,2 °C
Certascan (2.400 m)	el Pallars Sobirà	-19,9 °C
Espot (2.520 m)	el Pallars Sobirà	-19,9 °C
Sasseuva (2.226 m)	la Val d'Aran	-18,8 °C

CURIOSITAT

Aquesta nevada a què es refereix la Mònica va paralitzar l'aeroport de Girona, tot i que en el cas de Barcelona l'afectació va ser menor. Però com s'ho fan els aeroports als països on la neu i el gel són el pa de cada dia? El més important per a la seguretat dels avions és que les ales i el fusellatge estiguin descongelats. Si no, el gel enganxat podria dificultar el vol. Per aconseguir-ho, ruixen els aparells amb unes mànegues que expulsen líquid anticongelant. És un procés que dura entre cinc i deu minuts.

Què et preocupa de l'emergència climàtica?

Aquí us faré només una reflexió. L'emergència climàtica necessita dues coses: acció i finançament. Per dur a terme les accions calen diners, però sense acció no arriben els diners. Al llarg de la meva carrera he viscut dues situacions en què el canvi climàtic s'ha posat a l'agenda del dia, dos moments a partir dels quals la ciutadania, les institucions i les empreses han començat a caminar amb un mateix objectiu, en vies paral·leles. La ciutadania empeny molt gràcies a les entitats socials i les ONGs; els polítics neguitegen amb el debat públic; les empreses es posen a buscar nínxols de mercat... Insisteixo, vies diferents, però amb un objectiu comú, que és el més important.

La primera vegada va ser als anys 2000. El 2001 es va publicar el tercer informe del Grup Intergovernamental d'Experts sobre el Canvi Climàtic (IPCC). El 2007, els membres d'aquest grup i Al Gore van rebre el premi Nobel de la Pau per la seva tasca d'augmentar i difondre el coneixement sobre el canvi climàtic. A les enquestes del CIS, el canvi climàtic va arribar a aparèixer com una de les grans preocupacions de la ciutadania.

La segona va ser amb motiu de la Conferència de les Nacions Unides de París, a finals del 2015. A partir de llavors, el canvi climàtic va tornar als diaris i es va fer un forat a l'agenda política; també va créixer la conscienciació social, es va incrementar l'activisme ciutadà i fins i tot van sorgir líders inesperats, com Greta Thunberg.

I entremig dels dos moments, una crisi. Una crisi econòmica d'escala global que va apartar el canvi climàtic del panorama polític i social. I és que les necessitats de curt termini superen per golejada les projeccions de la propera dècada.

I ara la pandèmia. Ara que se'n tornava a parlar. Ara que començava a ser un problema transversal i no només un argumentari d'esquerres. Ara que podíem pensar en el futur dels nostres fills... ara tornem a la casella de sortida. Vull pensar que, quan superem aquesta crisi, no estarem com abans del 2015, però també tinc clar que tampoc estarem com a principis del 2020.

El moviment contra el canvi climàtic té molt mala sort.

UNA MICA MÉS ENLLÀ

El fenomen preferit de la Mònica és l'arc de Sant Martí. Com diu ella, els fenòmens òptics tenen un cert punt de màgia, però amb una clara explicació física al darrere. Tot i això, no deixen de ser màgics i espectaculars. Altres fenòmens òptics que es coneixen i criden l'atenció són les famoses aurores boreals, o la no tan coneguda fata morgana. Saber-ne l'explicació física ens ajudarà a gaudir-ne encara més si tenim la sort de veure-les.

Aurora boreal

L'aurora boreal sorgeix quan ens arriben partícules provinents del sol a través del vent solar i es troben amb el camp magnètic, que és una mena d'escut que envolta la Terra. Quan el vent solar interactua amb el camp magnètic és quan es formen les aurores. Les partícules solars topen amb àtoms d'oxigen o nitrogen a la part alta de l'atmosfera, i aleshores es produeixen llums de colors en una mena de cortina difusa i estesa. L'oxigen emet llum verda, groga i vermella, i el nitrogen, llum blava. Es poden observar sobretot a les regions properes als pols. A l'hemisferi nord s'anomenen *aurores boreals* i, a l'hemisferi sud, *aurores australs*. El nom d'aurora el va posar Galileu, fent referència a la deessa romana de l'alba, Aurora. A casa nostra és difícil de veure, perquè estem lluny d'aquestes regions polars. Tot i això, es recorda que en plena Guerra Civil, el 25 de gener del 1938, se'n van poder observar. En aquell cas es van veure amb claredat als Pirineus, i fins i tot des del Tibidabo. A causa de la guerra, aquest fenomen tan inusual va provocar una terrible confusió entre els soldats que lluitaven al front d'Aragó.

Miratge

En un miratge veiem que els objectes llunyans es reflecteixen a terra, com si hi hagués un llac imaginari. Per exemple, en els dies més càlids de l'estiu, la imatge del cel damunt l'asfalt de la carretera calenta ens fa veure com si la carretera estigués mullada.

I això per què passa? El miratge és un fenomen òptic que es dona en dies de molta calor. Hi ha una capa d'aire molt càlid tocant a terra, però just a sobre l'aire és menys càlid, i això fa que hi hagi capes amb diferents temperatures i diferents densitats, de manera que actuen diferent quan els arriba un raig de llum. Tot plegat provoca que, als nostres ulls, hi arribi d'una banda el raig directe de quan veiem l'objecte real, i de l'altra un raig desviat que correspon al miratge.

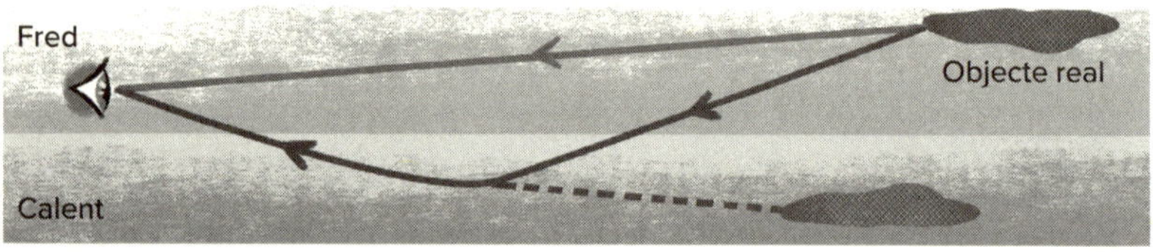

Fata morgana

La fata morgana és un miratge que, en comptes de veure's a la part de sota de l'objecte (a l'asfalt), es veu a la part de sobre. Es produeix en dies d'hivern. Com que l'aigua del mar és molt freda, si al damunt hi té una capa d'aire més càlid, els raigs de llum que hi arriben es veuen corbats, es dobleguen, i això fa que ens arribi una imatge més gran i allargada que no pas la de l'objecte real. Objectes com illes, vaixells o icebergs apareixen allargats i elevats com castells de contes de fades. I just d'aquí ve el seu nom, en honor a Morgan le Fay, la fada de forma canviant i germanastra del rei Artús.

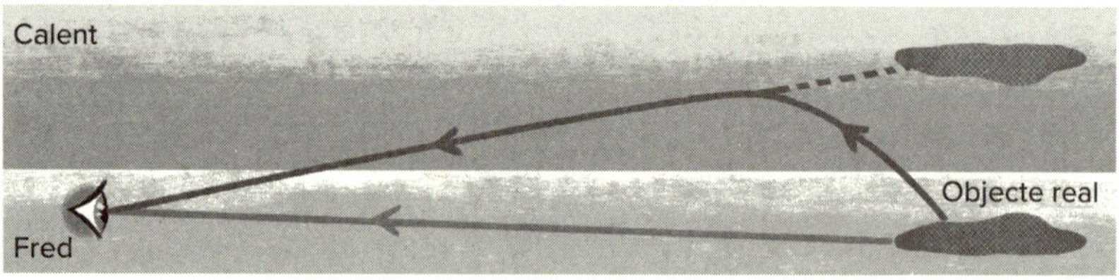

MARIA DEL CARME LLASAT

Barcelona, 1959.

Soc catedràtica de Física de l'Atmosfera.

Resideixo a Barcelona.

Em dedico a la meteorologia des de fa quaranta anys.

De gran volia ser professora.

Quin és el teu fenomen preferit?

Les tempestes, perquè la millor manera de conèixer els nostres fantasmes és enfrontant-nos-hi, i a mi les tempestes em fan por. També perquè les que porten pluges molt intenses poden produir inundacions, i quan vaig escollir el tema de la meva tesi, ho vaig fer amb l'objectiu clar de poder ajudar la societat des del meu coneixement i la meva recerca sobre aquest tema. Des del 1982 m'he dedicat a dues tasques: ensenyar i investigar els riscos hidrometeorològics.

Quin episodi recordes especialment?

Els aiguats del 6 al 8 de novembre del 1982. Recordo que van coincidir amb la visita del papa Joan Pau II a Barcelona i que, malgrat que no plovia gaire, la pluja era continuada. Jo hi participava amb la immensa coral que va cantar a la missa al camp del Barça i també fent la cadena de protecció als carrers. Vaig quedar xopa. Recordo la tràgica notícia de la mort d'una noia que era a Montserrat i li va caure una pedra al cap a conseqüència de la pluja. Ha estat després dels aiguats de l'any 2000, que a Montserrat s'han pres moltes més mesures de seguretat.

Aquells aiguats del 1982 es produïen uns vint dies després de les inundacions que van destruir la presa de Tous a València. En aquella època jo finalitzava la tesina de llicenciatura sobre la intensitat de la pluja, i tenia fins i tot la possibilitat d'anar a Anglaterra a elaborar la tesi sobre aquesta temàtica, però vaig canviar de parer i vaig decidir que havia de fer alguna cosa per evitar que tornessin a tenir lloc situacions com aquelles. Per això, em vaig proposar millorar el pronòstic dels aiguats. Al final em vaig quedar a mig camí, perquè en aquell moment se'n coneixien molt poques causes: es parlava de la gota freda com a única responsable, i la recerca d'aquestes causes se'm va menjar el temps… i les pàgines. La meva tesi, *Episodios de lluvias copiosas en Cataluña: génesis, evolución y factores coadyuvantes*, ocupava 541 pàgines, escrites a màquina. Per estudiar l'episodi del 1982 vaig anar al Servei Meteorològic de Perpinyà, perquè aquí no es conservaven els mapes ni es disposava de tota la informació pluviomètrica del Pirineu Oriental. Tampoc hi havia imatges de satèl·lit, i molt menys de radar. Però vaig gaudir del primer curs sobre mesoescala al Mediterrani que va impartir el doctor Agustí Jansà, que en aquella època i durant molts anys va ser cap del Servei Meteorològic de l'INM a les illes Balears.

A hores d'ara, gairebé quaranta anys després, seguim estudiant les pluges del novembre del 1982, que van ser les més fortes i extenses de tot el segle XX, i que en menys de tres dies van afectar tota la península Ibèrica, Andorra i el sud-est de França. En alguns indrets es van superar els 500 mm en només 24 hores. Van ser registres molt localitzats. La dècada dels vuitanta va ser espectacular, amb aiguats i inundacions a la costa mediterrània espanyola cada any, fins al punt que es va començar a pensar que era conseqüència del canvi climàtic.

L'ANÀLISI DE LA GEMMA I LA MÒNICA

L'episodi del 6 al 8 de novembre del 1982 va afectar sobretot la conca del Segre.

Una **profundíssima pertorbació** situada a prop de Galícia ens va portar un flux de vent del sud. Quan a casa nostra bufa vent del sud, ens arriba des del Mediterrani, i per tant ve carregat d'humitat. Aleshores, aquesta massa d'aire humida, arrossegada de mar cap a terra, en trobar-se amb les muntanyes, com ara els Pirineus, es veu forçada a pujar, cosa que es coneix com a *efecte orogràfic*. Aquesta situació provoca que l'aire pugi, s'expandeixi, es refredi i es trobi amb una temperatura més baixa. És aleshores que el vapor d'aigua es condensa i forma núvols i pluges abundants. Les muntanyes fan el que es coneix com *efecte palanca*, és a dir, forcen l'aire ben humit a pujar, i aquest procés provoca que el vapor d'aigua passi a líquid tot formant núvols i pluja i que es tornin a reactivar les precipitacions.

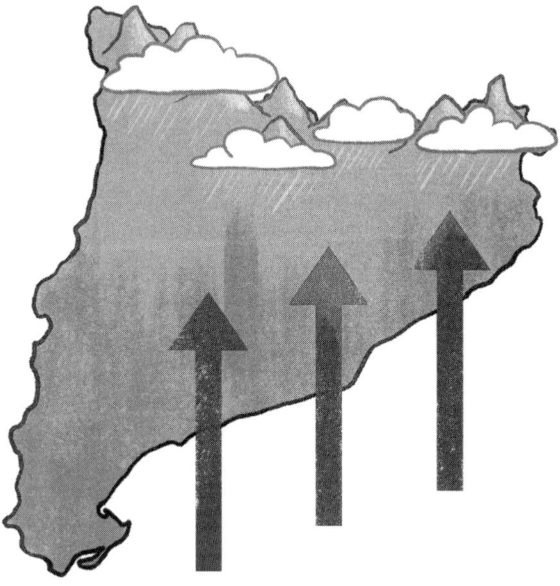

Aquesta combinació va provocar pluges continuades i torrencials des de la nit del 6 de novembre del 1982 fins al dia 8.

Quan plou de nit no ens afecta tant, ja que estem tancats a casa i la mobilitat es redueix, però si ens agafen desprevinguts, les pluges torrencials poden ser perilloses, especialment si cauen en una zona vulnerable, susceptible d'inundar-se fàcilment davant de situacions com aquella.

La pluja intensa va deixar gairebé 600 mm a la Molina, dels quals uns 400 van caure en només 24 hores. A la resta dels Pirineus es van recollir entre 200 i 400 mm. Els rius no van poder absorbir una quantitat d'aigua tan gran en tan poc temps i es van desbordar. Les conseqüències van ser especialment catastròfiques als rius Segre i Valira, que es van emportar tot el que van trobar al davant.

El Segre va marcar a Oliana un cabal de 1.856 m^3/s, quan de mitjana baixa a 33 m^3/s. L'alçada de les aigües a Organyà va arribar als 13,70 m, i a Oliana, als 10,90 m.

Molts pobles de la conca del Segre van quedar incomunicats. L'incident més destacat i que tothom recorda és la força amb la qual baixava el riu Segre: **va destruir el poble del Pont de Bar**, que va haver de ser reconstruït a 800 m d'altitud. Malauradament, hi va haver 14 víctimes mortals a Catalunya.

Com comenta la Carme, els aiguats del 1982 van haver de compartir portada als diaris amb el papa Joan Pau II a Montserrat i al camp del Barça.

Què en penses, de l'emergència climàtica?

Endreçant les meves coses en aquest temps de confinament vaig trobar una entrevista que em van fer. Era en un diari que venia la gent sense recursos; es deia *La Farola*. Era a mitjans dels anys noranta. Crida l'atenció que, després de més de vint anys, podrien ser les mateixes respostes que he anat repetint en les darreres entrevistes a la televisió i la ràdio, ja fos per la presentació de l'Informe del Canvi Climàtic i Ambiental en el Mediterrani, ja fos per les darreres tempestes de tardor i d'hivern. La idea és la mateixa: «Hem de ser respectuosos amb l'aigua i la resta de recursos. Hem de ser conscients de, per exemple, la quantitat d'aigua que consumim, els llums que deixem encesos, l'ús que fem del cotxe... i fins a quin punt són necessàries moltes de les coses que fem. Vivim en una societat en què ho malgastem pràcticament tot. Salvar el medi ambient requereix un canvi de filosofia».

En el moment en què em van fer aquelles entrevistes, la temperatura mitjana del planeta amb prou feines havia augmentat unes dècimes. Ara ja hem superat 1 °C. L'augment de la temperatura a conseqüència de l'increment de gasos d'efecte hivernacle és indiscutible, i els seus efectes negatius en el planeta i en la societat, també. El confinament que s'ha produït a tot el món a causa del coronavirus ha fet baixar la contaminació a les ciutats, ha reduït els nivells d'aquests gasos i ha netejat els rius i els mars. Òbviament, però, aquesta no és la solució. No es tracta de reduir cruelment part de la població. Ni per la pandèmia ni de cap altra manera. Es tracta d'aprendre a viure responsablement amb els altres i amb la natura, assaborint la bellesa propera, la bona companyia, l'aire lliure. Es tracta de conviure.

CURIOSITAT

Un dels efectes que portarà el canvi climàtic a casa nostra serà l'augment de pluges torrencials. Segons els estudis elaborats fins ara, el registre total d'aigua que caurà en un any no es veurà especialment alterat, però sí la manera de ploure. Aquesta aigua descarregarà amb episodis més torrencials, és a dir, en caurà molta en poca estona, i això es traduirà en problemes com les inundacions i la dificultat per recollir tota aquesta aigua i aprofitar-la.

UNA MICA MÉS ENLLÀ

La Carme Llasat ens parla d'aiguats, i nosaltres volem aprofitar-ho per anar més enllà i explicar-vos aquests conceptes:

Gota freda / DANA

Anys enrere, cada cop que arribaven pluges abundants, sobretot a la zona del Mediterrani, es parlava de *gota freda*. Semblava que d'aquesta manera es cridava més l'atenció de l'espectador. Tot i això, les pluges no sempre anaven associades a aquest fenomen. Avui dia, cada cop parlem menys de gota freda i fem servir un terme més científic: DANA (depressió aïllada en nivells alts). Aquest fenomen es produeix quan tenim una bossa d'aire fred en altura, a les capes altes de l'atmosfera, però no es veu reflectida en els mapes de superfície, és a dir, que mirant-los no hi ha res que faci pensar que hi ha una bossa freda. En els mapes isobàrics que estem acostumats a veure no s'observa una depressió. Abans, quan no es disposava de tantes eines i només hi havia mapes de superfície, per exemple, el fenomen agafava totalment desprevingut a tothom. Actualment, per sort, les eines de què disposem han evolucionat i podem fer un pronòstic més acurat. Malgrat això, la DANA també ens fa anar de bòlit, perquè sovint és capriciosa i costa saber quin serà el moviment exacte que tindrà i on s'acabarà situant. Això pot fer canviar el pronòstic. La DANA provoca pluges intenses i inundacions. És més probable que es formi durant els mesos de tardor, ja que el contrast de la temperatura de l'aigua del mar càlid (després dels mesos d'estiu), combinada amb la gota freda que arriba, n'afavoreix la formació.

Gotellada

És com s'anomenen els típics ruixats que duren poca estona, de gotes grosses i espaiades. A l'estiu, un cop han passat, surt el sol i el terra queda sec aviat. Es considera que no són beneficioses per al camp. Ja ho diu el refrany: «Els escaldots d'agost són dolents pel camp i pitjors per l'hort».

Tronada

És una tempesta de llamps i trons. Veiem la llum dels llamps (el llampec), sentim el so dels trons i sovint comença a ploure al cap d'una estona. Com diu la dita: «Després de la tronada, ve la pluja».

SILVIA LAPLANA NAVAL

Vilanova i la Geltrú, 1984.

Soc meteoròloga a TVE, i resideixo a Madrid.

Em dedico a la meteorologia des de l'any 2008, quan vaig començar al Canal Méteo.

De gran volia ser matemàtica o meteoròloga.

Quin és el teu fenomen preferit?

El tornado em sembla espectacular. És impressionant la força que es pot generar a l'atmosfera.

Quin episodi recordes especialment?

La situació meteorològica que més m'ha marcat és la tempesta a **Montsó (Osca) l'agost del 2006**. La pedra que va caure va arribar a superar els 10 cm de diàmetre i els cops de vent van assolir els 100 km/h. Després de la tempesta, el riu Sosa, que travessa la població, va créixer tant que només les persones més grans ho recordaven. Aquell dia dinàvem a casa meva amb la família i vam decidir anar fer el cafè a casa del meu cosí. Amb nosaltres hi havia una germana de la meva àvia que és monja de clausura, tot i que des de fa alguns anys les deixen sortir del convent de tant en tant. Des d'aquell dia no ha tornat a sortir, pobra dona. Anàvem amb dos cotxes i el cel es va desplomar. Van caure unes pedres enormes que van començar a trencar els vidres dels dos cotxes. Una desena de vehicles vam aconseguir posar-nos sota un pont com un Tetris per protegir-nos. No vam poder sortir d'allà fins que no va parar. Els carrers es van convertir en rius. Van caure 70 mm en quinze minuts. La pedra va trencar persianes, teulades i cotxes, i la pressió de les canonades va ser tan forta que l'aigua sortia pels vàters. Mitja hora més tard, ens van dir que el riu baixava desbordat. El cabal es va emportar cotxes (afortunadament sense ningú a dins) i va inundar camps i carrers. És un riu que sol portar dos dits d'aigua, si bé aquell dia va pujar uns quants metres d'altura. Un episodi per no oblidar.

L'ANÀLISI DE LA GEMMA I LA MÒNICA

Al mes d'agost és habitual viure tempestes, especialment a la segona quinzena, i més encara en certes zones. Per què? Encara fa calor, i és fàcil que comencin a arribar les primeres masses d'aire més fred en altura. Aquest contrast és un autèntic motor per als núvols de tempesta, que es van alimentant fins a descarregar amb força.

Analitzant l'any 2006, descobrim que va ser especialment càlid, amb temperatures clarament per sobre de la mitjana i en alguns casos de rècord, sobretot els mesos de juny i juliol.

A Catalunya, però, el mes d'agost va estar marcat per una temperatura clarament inferior a la mitjana, després d'un juliol especialment càlid. A principis de mes, una entrada de vent del nord va fer caure les temperatures, i el dia 8 una depressió situada sobre els Alps va afectar Catalunya amb tempestes importants, sobretot a l'Alt Camp, el Baix Camp, l'Anoia, el Bages, el Gironès, la Selva i el Vallès Oriental. Des de la Xarxa de Detecció de Descàrregues Elèctriques (XDDE) del Servei Meteorològic de Catalunya es van comptabilitzar 5.500 llamps de núvol a terra.

Com funciona aquesta xarxa que ens permet saber la quantitat de llamps que han caigut? A través de diverses antenes que mesuren el senyal dels llamps des de diversos punts de Catalunya: el llamp emet llum (que és el que acostumem a veure), però també ones de ràdio, i això és el que detecten les antenes. En fer-ho des de diferents punts es pot triangular la posició i saber on ha caigut cadascun i a quina hora. Així es pot confeccionar el mapa de llamps per saber com ha evolucionat la situació.

REGISTRES

Aquell mes d'agost va ser un reflex de la variabilitat que tenim al nostre petit país. Els registres de precipitació van anar des dels 5 mm en punts del pla de Lleida o el Delta de l'Ebre fins a quantitats que van arribar a fregar els 150 mm a Girona.

Estació meteorològica	Comarca	Precipitacions
Girona	el Gironès	149,2 mm
Fornells de la Selva	el Gironès	135,9 mm
Vilablareix	el Gironès	128,9 mm
Vilobí d'Onyar	la Selva	124,2 mm
Ulldeter (2.380 m)	el Ripollès	123,4 mm
la Vall d'en Bas	la Cerdanya	110,2 mm

CURIOSITAT

Malauradament, hi ha un altre episodi a Osca que ha passat a la història. Segur que molts de vosaltres recordeu el desastre del càmping de Biescas de l'any 1996. La tarda del 7 d'agost, una forta tempesta va deixar molta aigua al capdamunt del barranc d'Aràs. A la llera hi havia el càmping Las Nieves, que va quedar totalment arrasat. Hi van morir vuitanta-set persones i dues-centes van quedar ferides. Un dels pitjors desastres naturals del país.

Què en penses, de l'emergència climàtica?

Són molt factors que em preocupen, si parlem d'emergència climàtica. D'entrada, la pujada de les temperatures genera onades de calor extrema que poden posar en perill seriós la nostra salut i la del planeta. A més, també és molt preocupant la manca d'aigua. En algunes zones ja és un problema, i encara ho serà més en el futur. Amb el canvi climàtic, les precipitacions seran menors i, a més a més, plourà pitjor, torrencialment, cosa que provocarà desastres i farà que el sòl s'erosioni i no pugui assumir aquesta aigua, com quan plou de manera progressiva.

Amb menys precipitacions i més temperatura, l'aigua disponible del sòl s'evapora amb més rapidesa, cosa que es reflecteix en el clima d'Espanya. Hi ha un clar augment, en els últims cinquanta anys, de la superfície amb clima semiàrid, el qual ja arriba al 6% (això equival a més de 30.000 km2), i les zones més perjudicades són la vall de l'Ebre, Castella-la Manxa i el sud-est peninsular. La falta d'aigua al món implica desigualtat i fam, i és molt probable que això provoqui l'aparició de desplaçats climàtics i de guerres. L'aigua ha estat, i és, un motiu de conflicte entre països. Actualment, són diverses les lluites que es desenvolupen per aquesta raó. Per exemple, el conflicte actiu entre Etiòpia i Egipte. Etiòpia està construint la Gran Presa del Renaixement en el curs del Nil Blau. Aquest embassament es convertirà, un cop finalitzat, en el més gran del continent, i tindrà la funció d'abastir el consum energètic de tot Etiòpia. És a dir, convertirà una nació empobrida en una potència energètica regional que, a més a més, vendrà electricitat als seus veïns. La part negativa és que s'emportarà les aigües Nil avall, ja que el Nil Blau aporta el 60% de l'aigua que arriba a Egipte. L'agricultura que es desenvolupa als marges del Nil es veurà afectada per la reducció de cabal, cosa que provocarà una catàstrofe econòmica. Aquest és un exemple entre els molts casos vigents que existeixen. Per tant, hem de parlar de l'aigua com si fos or líquid i fer una explotació sostenible de la terra. El tipus de cultiu haurà de ser l'adequat per al clima de la zona.

UNA MICA MÉS ENLLÀ

El fenomen preferit de la Silvia és el **tornado**, un remolí violent que va des del núvol fins a terra fent un moviment de rotació amb una velocitat d'entre 100 i 300 km/h. Això provoca que, en tocar terra, xucli tot el que troba, fent-ho girar, i segons la força que tingui, llançant els objectes de manera violenta o transportant-los centenars de metres enllà.

Si aquest tornado es forma dins del mar, rep el nom de ***mànega marina, tromba marina*** o ***cap de fibló***. Normalment les mànegues són de menys intensitat i agafen un color més blavós, generat per la massa d'aigua que xuclen. De fet, els tornados i les mànegues estan formats per vent, i si no arrosseguessin res serien transparents, però acaben agafant la coloració d'allò que xuclen.

També pot ser que aquest embut que baixa des del núvol no arribi a terra o a l'aigua, i aleshores s'anomena ***tuba***.

Per mesurar i classificar la intensitat d'un tornado, tenim **l'escala de Fujita-Pearson** millorada, que l'any 2007 va substituir l'escala de Fujita-Pearson original, creada l'any 1971 a la

Universitat de Chicago per Tetsuya Fujita i Allan Pearson. És una escala que es basa en els danys que causa el tornado, amb una classificació entre l'EF0 i l'EF5.

EF0 EF1 EF2

EF3 EF4 EF5

SARAI SARROCA I CERVELLÓ

Flix, Ribera d'Ebre, 1982.

Soc meteoròloga de Betevé des del 2006.

Visc a Molins de Rei.

Em dedico a la meteorologia des del 2004. Abans de Betevé, havia treballat a Ràdio Barcelona.

Des que tinc memòria, m'interessa la meteorologia. Durant una època em vaig decantar per l'astronomia, però va durar poc.

Quin és el teu fenomen preferit?

Les tempestes, sobretot si són durant la tarda o la nit. M'encanta observar l'evolució dels núvols a mesura que avancen les hores. És molt interessant veure com canvia el cel des del matí fins a poques hores havent dinat i com acaba espetegant amb molta energia al final del dia.

Quin episodi recordes especialment?

Hi ha diversos episodis meteorològics que m'han marcat. Suposo que em passa com als aficionats al futbol, que relacionen partits amb esdeveniments de la vida. Potser el que recordo amb més afecte és el dia que vaig ser mare per primera vegada. Va ser el **30 de juliol del 2011**. Jo havia decidit parir sense medicació i feia dies que estava pendent de la lluna i els canvis de pressió atmosfèrica. Havia llegit en alguna banda que això m'ajudaria a tenir el tipus de part que volia. També m'ho deien la meva iaia i la meva mare. El juliol del 2011 va ser càlid, però també van passar alguns sistemes frontals que em van donar moltes esperances fallides, perquè el meu embaràs va ser llarg, de quaranta-una setmanes, i els metges em deien que si s'allargava massa m'haurien de donar medicació. Finalment, la tarda del dia 29 de juliol, quan encara feia sol, les contraccions van començar a ser molt fortes, tot i que no gaire seguides. La nit del 29 al 30 vaig tenir molts dolors. El cel estava ennuvolat, però la pluja, feble, no va començar fins al matí del 30. La meva filla va néixer el 30, quan faltaven deu minuts per a les cinc de la tarda, moment en què queia una bona tempesta a Barcelona. De fet, juntament amb les imatges del naixement de la nena també hi guardo la del radar meteorològic d'aquell moment, amb taques vermelles i grogues que evidencien la força de l'aigua.

En el meu segon part, el **30 de maig del 2014**, també va ploure, encara que no tant com en el primer. Potser és cert allò que vaig llegir, que amb menor pressió atmosfèrica hi ha més naixements. Sigui com sigui, queda clar que la meteorologia pot afectar-nos més del que ens imaginem.

Un altre fet que crec que m'ha marcat molt és el de ser neta de pagesos i ramaders del Pallars Sobirà. La família sempre m'ha respectat l'afició a la meteorologia i m'ha transmès la saviesa popular vinculada a aquest tema, com també el respecte que cal tenir als fenòmens meteorològics. La germana del meu padrí va morir per l'impacte d'un llamp. Era a la porta de casa seva, a Montesclado, mirant com plovia. El padrí explicava que el comptador de la llum estava a prop i potser això va facilitar que el llamp anés directe a ella.

El germà de la meva iaia va morir congelat quan anava a buscar unes eugues a la muntanya. Tenia uns catorze anys, i va passar un octubre de principi de la Guerra Civil. Anava amb un grup de gent d'Escaló, i ja tornaven al poble d'Escart quan els va sorprendre una nevada. Ell i un altre home van morir pel fred.

L'ANÀLISI DE LA GEMMA I LA MÒNICA

El mes de juliol de l'any 2011 va ser un juliol atípic. Tot i que va començar amb sol i calor, ràpidament es va girar la truita i es va convertir en un mes més semblant al setembre o l'octubre, com si no fos de ple estiu. Es va qualificar com **el més fred a Catalunya des de l'any 1997**. La temperatura era baixa i no parava de ploure. La tempesta que ens comenta la Sarai no va ser l'única d'aquell mes a la ciutat de Barcelona. Entre el 15 i el 17 de juliol, el pas d'una pertorbació va generar tempestes que van deixar registres de fins a 67 mm a l'estació meteorològica del Raval de Barcelona o 60 mm a l'Observatori Fabra. Però a finals de mes, entre els dies 30 i 31, va arribar una massa d'aire més fred a les capes mitjanes de l'atmosfera. Això va generar una zona de baixes pressions (una depressió) al Mediterrani, que va afavorir la formació de núvols i de xàfecs forts a Catalunya.

Aquesta situació va provocar pluja molt intensa. Va caure molta aigua en poca estona. En el cas de Barcelona, es van recollir 47,7 mm en tan sols mitja hora, però encara va descarregar amb més intensitat a Cerdanyola del Vallès, on van caure 54,7 mm, i a Font-rubí, amb 53,8 mm en el mateix interval de temps. Pluja intensa, carrers convertits en rius, inundacions en algunes estacions de metro i tren, i una forta ventada que va afectar diferents punts de la ciutat, fins al punt que van caure sis palmeres al passeig de Colom de Barcelona.

Què en penses, de l'emergència climàtica?

L'emergència climàtica em preocupa molt. De fet, formo part del Comitè d'Experts sobre el Canvi Climàtic que el Parlament de Catalunya va nomenar per a la realització dels primers pressupostos de carboni, vinculats a la Llei de canvi climàtic. Esperem que aquesta eina faciliti la fita que estipula la Llei, de zero emissions el 2050. Potser no som prou conscients que tots podem fer alguna cosa per reduir les emissions de gasos contaminants. Podem deixar de comprar productes envasats, utilitzar menys el transport privat i reciclar més, per posar només tres exemples fàcils i a l'abast de tothom.

L'hivern 2019-20 és un exemple del canvi climàtic que ja ens afecta. Hem d'evitar que la temperatura pugi i escalfi el mar. No ens convé que el mar acumuli energia per alimentar pertorbacions com la del temporal Gloria o els aiguats de la Conca de Barberà. A més, hem de tenir present que l'escalfament més important vinculat al canvi climàtic es produeix durant els mesos d'estiu. Inevitablement, aquests canvis tindran efectes en els nostres sistemes de producció, d'oci i de salut.

UNA MICA MÉS ENLLÀ

La Sarai ens parla de la relació que hi ha entre la meteorologia i els parts. Nosaltres us volem explicar la que hi ha entre la meteorologia i els noms. La manera d'anomenar els huracans ha anat canviant al llarg de la història. Fa molts anys que es bategen els huracans. És una manera de cridar l'atenció, de comunicar amb més contundència i recordar amb més facilitat.

A l'inici, se'ls anomenava amb el nom del sant del dia en què arribaven a un cert lloc. Això també es feia amb els noms de les persones. Segur que molts coneixeu algú que té el sant i l'aniversari el mateix dia. La Mònica n'és un exemple.

Això va canviar a finals del segle XIX, quan el meteoròleg australià Clement Wragge va començar a posar-los noms mitològics, de polítics que no li agradaven i, al final, noms propis femenins. Finalment, el 1953 el Centre Nacional d'Huracans dels Estats Units (NHC) va començar a triar i gestionar els noms dels huracans. Al principi, només s'utilitzaven noms femenins, fins que l'any 1979 es va considerar que era una pràctica sexista i es va decidir alternar noms masculins i femenins, que és com es fa actualment. Hi ha sis llistes de vint-i-un noms que es van repetint cada sis anys, seguint l'ordre alfabètic. A més a més, quan un any comença amb nom de dona, el següent comença amb nom d'home. **Quan un huracà ha estat molt destructiu, aquell nom es retira de la llista**, com va ser el cas del Katrina. Si no, seria molt estrany tornar a fer previsions del temps alertant la població que ve un nou Katrina. També això té similitud amb el nom de les persones: difícilment escollirem un nom per a la nostra criatura si coneixem algú amb aquell nom que no ens cau bé.

Durant molt de temps es va tenir la percepció que els huracans amb noms de dona feien més mal. El 2014, es va publicar fins i tot un estudi elaborat per científics de la Universitat d'Illinois en què es va arribar a la conclusió que la població no feia tant de cas a les alertes si el nom era femení, i van concloure que malauradament els huracans amb noms de dona havien matat gairebé el doble de persones. Per això, després d'aquest estudi, es va recalcar encara més que la importància havia de recaure sobre la categoria de l'huracà i no pas sobre el nom. Des de finals del 2017, també es posen noms a les grans borrasques que s'espera que puguin fer mal. L'objectiu és que la comunicació sigui més efectiva i que la població faci més cas de les recomanacions. El primer nom que es va posar a una borrasca va ser «Ana», el 8 de desembre del 2017. En aquest cas, qui decideix els noms són Méteo France (França), l'Agència Estatal de Meteorologia (AEMET, Espanya) i IMPA (Portugal). En el cas d'Europa, també hi trobem una llista ordenada alfabèticament, on s'intercalen noms masculins i femenins.

CURIOSITAT

Podem saber la distància en què es troba una tempesta només comptant els segons que hi ha entre el llamp i el tro. La llum viatja més de pressa que el so i aquesta diferència ens permet saber la distància de la tempesta. Si comptem els segons entre el llamp i el tro i ho dividim entre 3, obtindrem la distància en quilòmetres. A tall d'exemple: si comptem 9 segons entre llamp i tro, i ho dividim entre 3, sabrem que la tempesta és a 3 km.

PILI RIUS LÓPEZ

L'Aldea, 1976.

Soc perruquera.

Soc aficionada a la meteorologia des del 2017.

De gran volia ser veterinària.

Quin és el teu fenomen preferit?

Els núvols lenticulars. M'encanta veure com el vent els dona aquesta forma tan característica.

Quin episodi recordes especialment?

L'episodi que més m'ha marcat ha estat el **temporal Gloria**. Vaig tancar el saló de perruqueria i em vaig desplaçar a l'Ampolla amb el cor encongit. Quan vam arribar al port marítim, vaig tenir la sensació d'estar mirant una pel·lícula d'aquelles on hi ha un tsunami. No ens podíem creure el que estava passant. El mar saltava per damunt de l'escullera i la tempesta s'acostava, així que vam marxar a correcuita de nou cap a l'Aldea.

L'ANÀLISI DE LA GEMMA I LA MÒNICA

Aquesta sensació que ens descriu la Pili davant del temporal Gloria la vam tenir tots. Va ser una llevantada excepcional entre el diumenge 19 i el dijous 23 de gener del 2020. Va ser un **temporal de primera categoria**, tant pel que fa als registres i afectacions com per la persistència que va tenir.

Els meteoròlegs feia dies que ens fixàvem en els mapes del temps, ja que ens donaven una llevantada de llibre: un anticicló potent que ocupava bona part d'Europa i una borrasca al sud de la Península provocaven una clara circulació de llevant. Aquesta aportació d'humitat es va combinar amb un embossament d'aire fred persistent a les capes més altes de l'atmosfera i això va desenvolupar el temporal.

Es van recollir pluges de més de 400 mm, les onades van arribar fins als 7 m arran de costa, el vent va bufar amb molta força i la nevada va ser intensa a cotes altes. També va arribar de manera més testimonial a cotes baixes.

El temporal Gloria va causar moltes destrosses i incidències. El cabal dels rius va créixer de manera sobtada i alguns es van desbordar. Els més afectats van ser el Ter, l'Onyar i la Tordera. Tota la costa catalana va quedar malmesa, especialment el Delta de l'Ebre, on va desaparèixer la barra del Trabucador i les pèrdues van ser terribles als camps d'arròs. Tot i les previsions meteorològiques i els avisos, malauradament a Catalunya el temporal va deixar quatre víctimes mortals, tretze a tot Espanya.

REGISTRES

El registre de pluja més important durant els quatre dies de temporal van ser els 516 mm a Lliurona, a l'Alt Empordà. Molts altres registres van oscil·lar entre els 200 i els 400 mm. Penseu que, de mitjana, en un any a Barcelona se'n recullen uns 600, o uns 350 a Lleida. Aquells dies es va recollir molta aigua, justament en un dels mesos més secs de tot l'any.

Estació meteorològica	Comarca	Precipitació acumulada
Lliurona (XOM)	l'Alt Empordà	516,0 mm
Puig Sesolles (1.668 m)	el Vallès Oriental	430,4 mm
Viladrau	Osona	425,8 mm

Mieres (XOM)	la Garrotxa	409,1 mm
Batet de la Serra (XOM)	la Garrotxa	407,0 mm
Sant Pau de Segúries (XOM)	el Ripollès	402,7 mm
Santa Pau (XOM)	la Garrotxa	400,0 mm

La situació també va deixar un bon gruix de neu als Pirineus. Normalment, amb aquest tipus de situacions, provinents de llevant, el Pirineu de Girona és el que hi surt guanyant. Es va fregar el metre i mig. En el cas dels Ports, el gruix va arribar als 50 cm. La següent taula mostra els registres de neu nova del 19 al 23 de gener.

Estació meteorològica	Comarca	Gruix màxim
Ulldeter (2.410 m)	el Ripollès	149 cm
Cadí Nord (2.143 m)	la Cerdanya	103 cm
Malniu (2.230 m)	la Cerdanya	94 cm
Núria (1.971 m) - (XOM)	el Ripollès	90 cm
Espot (2.519 m)	el Pallars Sobirà	81 cm

Pel que fa al vent no es van observar registres excepcionals, però sí molta persistència. El vent de llevant i gregal es va fer notar arreu i durant moltes hores. Els cops més forts arran de mar van ser d'entre 70 i 100 km/h.

El temporal de llevant que va portar onades de 5 a 7 m a la costa també va ser persistent.

7,6 m	mar endins al Delta de l'Ebre
7 m	a l'Escala i Cadaqués
5,5 m	a l'Estartit
5 m	a Palamós

Què en penses, de l'emergència climàtica?

En realitat, tot és preocupant. Però com a habitant del Delta de l'Ebre, penso que aquest terreny ja no el podrem recuperar. Sempre he sentit les històries dels avis que deien que hi havia quilòmetres i quilòmetres de platja per arribar al far de Buda; primer va quedar envoltat d'aigua, i ara ja és sota el mar. Els sediments no arriben i el Delta s'enfonsa. Som una zona deixada de la mà de Déu. Ara per ara, les zones més sensibles són el Trabucador, l'illa de Buda i el Fangar. S'hauria de poder fer-hi arribar sediments d'alguna manera. Les generacions següents no coneixeran les platges verges i salvatges que tenim.

UNA MICA MÉS ENLLÀ

Un dels factors que va marcar el temporal Gloria va ser la força amb què va bufar el vent. Per mesurar la intensitat del vent s'utilitza l'**escala Beaufort**. Té tretze graus, que van des del 0 fins al 12. El primer ens marca un dia de calma i l'últim, vent huracanat.

Aquesta escala la va idear el 1805 Francis Beaufort, quan servia en un vaixell. Temps enrere, els oficials de la Marina feien observacions meteorològiques de vent, però eren molt més subjectives i qualificaven el vent com a «fluix», «fort», «molt fort»... Però, és clar, tot depenia de la persona que prenia aquella mesura i l'escala no estava unificada.

Un altre dels protagonistes del Gloria va ser el temporal marítim. L'escala que classifica l'estat del mar és l'**escala Douglas.** Té deu nivells que van del 0 al 9 i venen donats per l'alçada de les onades. El grau 0 ens indica una mar plana, amb onades de 0 m, i el grau 9, mar enorme, amb onades de més de 14 m.

Escala Beaufort

Grau	Tipus	m/s	nusos	km/h
0	calma	0 - 0.2	menys de 1	0 - 2
1	ventolina	0.3 - 1.5	1 - 3	2 - 6
2	vent fluixet	1.6 - 3.3	4 - 6	7 - 11
3	vent fluix	3.4 - 5.4	7 - 10	12 - 19
4	vent moderat	5.5 - 7.9	11 - 16	20 - 29
5	vent fresquet	8.0 - 10.7	17 - 21	30 - 39
6	vent fresc	10.8 - 13.8	22 - 27	40 - 50
7	vent fort	13.9 - 17.1	28 - 33	51 - 61
8	temporal	17.2 - 20.7	34 - 40	62 - 74
9	temporal fort	20.8 - 24.4	41 - 47	75 - 87
10	temporal molt fort	24.5 - 28.4	48 - 55	88 - 101
11	temporal violent	28.5 - 32.6	56 - 63	102 - 117
12	huracà	més de 32.7	més de 64	més de 118

Aquesta taula la va crear el 1917 Henry Percy Douglas quan dirigia el Servei Meteorològic de l'Armada Britànica. Per poder mesurar les onades es fan servir les **boies marítimes o costaneres**. Les costaneres són als ports, a una profunditat d'uns 100 m, i les marítimes són a més distància de la costa i a més profunditat.

Escala Douglas

Grau	Tipus	Alçada de les onades	Símbol
0	mar plana	0 cm	
1	mar arrissada	0 - 10 cm	
2	marejol	10 - 50 cm	
3	maror	0.5 - 1.25 m	
4	forta maror	1.25 - 2.5 m	
5	maregassa	2.5 - 4 m	
6	mar brava	4 - 6 m	
7	mar desfeta	6 - 9 m	
8	mar molt alta	9 - 14 m	
9	mar enorme	més de 14 m	

CURIOSITAT

Els núvols lenticulars (altocúmuls lenticulars), el fenomen preferit de la Pili, acostumen a semblar ovnis a causa del vent, que quan bufa a la mateixa altura fa que agafin aquest aspecte arrodonit i semblant a un plat volador. Són espectaculars, i uns dels més fotografiats. Si a més a més coincideixen amb la sortida o la posta de sol, agafen un color vermellós que encara els fa més especials.

SÒNIA PAPELL CAIMONS

Bellpuig, 1972.

Sóc meteoròloga a TVE Catalunya.

Em dedico a la meteorologia des del 1996.

De gran volia ser moltes coses, però el cert és que de ben petita ja m'agradava molt mirar al cel i endevinar si plouria o no (depenent d'on venia la broma) amb un pagès veí de casa els meus pares, al poble. Anys més tard vaig tenir la gran sort de poder treballar en el que més m'agrada, i cada dia intento fer la meva feina amb la il·lusió del primer.

Quin és el teu fenomen preferit?

Les tempestes. Per dues raons: d'una banda, perquè desprenen una gran quantitat d'energia i, com algunes persones, són impulsives i passionals (i em recorden algú). De l'altra, perquè són un dels fenòmens que mereixen més respecte, ja que de vegades tenen conseqüències devastadores.

Quin episodi recordes especialment?

La nevada del 14 i el 15 de desembre del 2001. Feia només cinc anys que treballava als informatius de TVE Catalunya en torn de cap de setmana. Aquell divendres era a Bellpuig, i recordo estar mirant les notícies mentre dinava quan van parlar de la neu que començava a caure a les comarques del nord-est. La previsió indicava que en les properes hores la nevada es generalitzaria. Llavors el meu pare em va mirar i em va dir: «Si no et vols quedar parada al Bruc, ja pots començar a tirar cap amunt». Ja sabeu que els de Ponent «pugem» a Barcelona i «baixem» a Lleida... Fent cas de l'experiència d'un xofer de tota la vida (però rondinant una mica), vaig fer la bossa i vaig agafar el cotxe. A l'altura de la Panadella començaven a caure flocs de neu, però res important. En canvi, quan vaig arribar al Bruc, la carretera estava ja emblanquinada. Nevava amb alegria i jo tenia la veu del meu pare ressonant al cap. Passat el túnel del Bruc, el camió que portava davant va fer la tisora. Jo vaig clavar un cop de volant, em vaig posar gairebé al voral i vaig seguir conduint fins a arribar a Sant Cugat del Vallès. Hores més tard m'adonava que, gràcies a l'experiència del meu pare, m'havia escapat del col·lapse monumental de l'A-2. No ho oblidaré mai. A més, aquell any, la neu, les temperatures baixíssimes i la boira van fer que les festes nadalenques a les comarques de Ponent fossin emboirades, però també molt blanques, gèlides i diferents. A nivell professional, no oblidaré tampoc aquella nevada, perquè va ser la primera vegada que en arribar a la redacció d'informatius, tothom m'estava esperant amb candeletes per saber per què nevava, on nevaria més, quan pararia... Moltes preguntes, poca experiència i molts nervis! Aquell va ser el primer episodi de temps advers que afrontava com a meteoròloga de TVE Catalunya.

L'ANÀLISI DE LA GEMMA I LA MÒNICA

La nevada del 14 i 15 de desembre del 2001 que recorda la Sònia es considera una de les nevades més importants del segle XXI. Va deixar milers de persones atrapades a les carreteres passant fred i mortes de gana, una situació que va rebre tota mena de crítiques sobre la mala gestió. La neu, com el 1962, va tornar a arribar a la mateixa línia de la costa, amb nevades més aviat febles o aiguaneu. On més va nevar va ser al Berguedà, el Ripollès i l'Anoia, amb gruixos superiors als 50 cm.

Els mapes d'aquells dies ens mostren els dos ingredients idonis perquè la nevada fos important: molt fred i precipitacions. El fred ens va arribar en altura amb un embossament d'aire procedent de Rússia i es va situar just damunt nostre. Alhora, es va formar una borrasca al Mediterrani que ens aportava aire molt humit. Aquesta combinació és la que va provocar que a Catalunya comencés a nevar. On primer va arribar la neu va ser cap a les comarques de Girona i de Barcelona, i després es va desplaçar també cap a Lleida i Tarragona. La cota de neu va baixar als 100-200 m. A partir dels 200 m es van acumular uns 20 cm de neu.

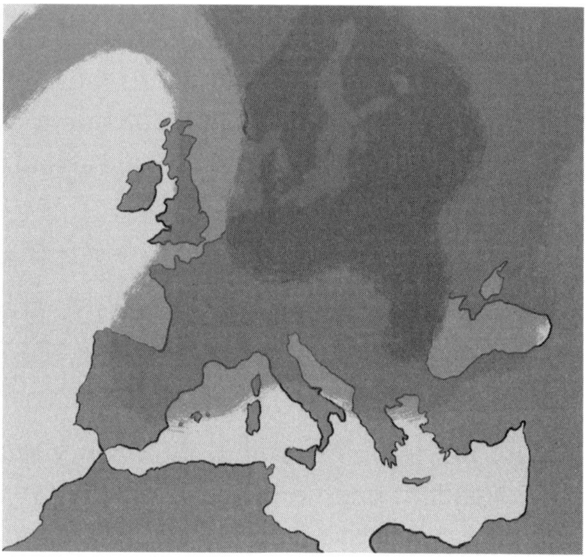

REGISTRES

Els registres més importants els recollim en la taula següent:

Població	Comarca	Gruix
La Pobla de Claramunt	l'Anoia	95 cm
Port del Comte	el Solsonès	81 cm
Vallter	el Ripollès	70 cm
Prades	el Baix Camp	50 cm
Begues	el Baix Llobregat	50 cm
Les Borges Blanques	les Garrigues	40 cm
Manresa	el Bages	35 cm
Lleida	el Segrià	30 cm

Com bé recorda la Sònia, la nevada va provocar problemes importants a les carreteres. La més afectada va ser l'N-II entre Lleida i Martorell, que va quedar coberta de neu i va atrapar centenars de conductors. També es van produir talls de llum i algunes poblacions petites van quedar incomunicades.

Què en penses, de l'emergència climàtica?

La meva professió comporta que conegui els diferents escenaris climàtics que es preveuen a escala mundial i local i, evidentment, tant els uns com els altres em preocupen. Ara bé, hi ha una cosa que sovint em fa ballar el cap, i és la manera com, des dels diferents organismes de govern i des de la nostra professió, es transmet aquesta informació i es conscienciа les persones. Moltes vegades, veient determinats comportaments, penso que no ho sabem comunicar prou bé, perquè amb les dades que tenim i amb els exemples reals, penso: «O bé hi ha molta gent que no s'adona que aquests canvis no són tan a llarg termini com anys enrere pensàvem... o bé hi ha gent molt egoista». Hem de ser conscients que els petits gestos canvien moltes coses. La part optimista la trobo quan miro les futures generacions i penso que, entre tots, alguna cosa devem fer bé. Perquè aquestes generacions sí que tenen una gran consciència ecològica. Saben què comportarà el canvi climàtic i tenen un gran respecte per la natura. Som a temps d'implicar-nos-hi més i d'aprendre d'aquestes generacions.

UNA MICA MÉS ENLLÀ

El desembre del 2001, a part de la nevada que recorda la Sònia dels dies 14 i 15, es va produir una fredorada o onada de fred justament els dies de Nadal.

Què és, *una onada de fred o fredorada?* És un període en què les temperatures són molt més baixes del que haurien de ser a causa de l'entrada d'una massa d'aire molt fred.

Però no totes les onades de fred són iguals: depenent d'on ens arribin portaran unes propietats o unes altres. A Catalunya, els dos tipus d'onades de fred que ens acostumen a afectar són la polar i la siberiana.

Onada de fred polar: Com bé diu el seu nom, és una massa d'aire fred que ens arriba des del pol, des de latituds properes al cercle polar àrtic. És freda i més aviat seca.

Onada de fred siberiana o continental: Es produeix quan ens arriba una massa d'aire molt fred provinent de l'est de Sibèria. Normalment és més freda i seca que la polar, ja que té un recorregut sobre el continent i, per tant, no recull humitat pel camí.

Per parlar del fred que notem a la pell, no només ens hem de fixar en el valor que marca el termòmetre: també és important veure si aquell dia hi ha més o menys humitat, i sobretot si bufa el vent i amb quina força. Per saber quina és la sensació de fred que nota el nostre cos, cal combinar temperatura i vent. A partir d'aquestes dues dades hi ha una taula que ens calcula la **sensació tèrmica o *windchill*** («fred de vent»).

Vent en km/h							
Calma	10 °C	5 °C	2,5 °C	0 °C	-2,5 °C	-5 °C	-10 °C
8	7,5 °C	2,5 °C	0 °C	-2,5 °C	-5 °C	-7,5 °C	-12,5 °C
16	5 °C	-2,5 °C	-5 °C	-7,5 °C	-10 °C	-12,5 °C	-17,5 °C
24	2,5 °C	-5 °C	-7,5 °C	-10 °C	-12,5 °C	-17,5 °C	-25 °C
32	0 °C	-7,5 °C	-10 °C	-12,5 °C	-17,5 °C	-22,5 °C	-25 °C
48	-2,5 °C	-10 °C	-12,5 °C	-17,5 °C	-20 °C	-25 °C	-32 °C
64	-2,5 °C	-10 °C	-15 °C	-20 °C	-22,5 °C	-27,5 °C	-35 °C

Fragment de la taula de càlcul de sensació de fred

Així doncs, si el termòmetre marca una temperatura de -5 °C i a més a més el vent bufa a 24 km/h, la sensació tèrmica serà de -17,5 °C. Si el vent encara bufa amb més força i arriba als 48 km/h, aleshores la temperatura de sensació baixarà fins als -25 °C.

Com més vent fa, més acusada és la sensació de fred, i és que el vent afavoreix l'evaporació de la humitat de la nostra pell i ens pren calor del cos.

CURIOSITAT

Un dels llocs on estareu més segurs si cau un llamp és dins del cotxe. Si teniu les portes i les finestres ben tancades i la ràdio apagada, la descàrrega elèctrica circularà per fora. El vehicle actua com a gàbia de Faraday, i com que està fet d'un material conductor, la càrrega no hi entra. A més a més, les rodes estan fabricades amb un material aïllant i no conduiran l'electricitat fins a terra.

XESCA CIFRE CÀNAVES

Pollença, 1976.

Soc meteoròloga a la secció del temps d'IB3 Ràdio i Televisió.

Em dedico a la meteorologia des de l'any 2000, quan vaig acabar la llicenciatura de Geografia. Després d'un parèntesi vaig tornar a la meteorologia a Mallorca el 2003, a la televisió local de Calvià. Des de l'any 2005 treballo a IB3.

Quan era molt petita, de gran volia ser manescal; després vaig voler fer alguna feina relacionada amb el medi ambient, la protecció de la natura i l'activisme ambiental.

Quin és el teu fenomen preferit?

M'encanten les tempestes i els temporals de gregal. Les tempestes per la seva bellesa, formació i espectacularitat; els temporals de gregal, per l'ambient d'hivern que generen, amb un cel tenyit de gris, amb la mar molt alterada al nord de Mallorca i amb precipitació contínua durant hores o dies.

Quin episodi recordes especialment?

La torrentada del 9 d'octubre del 2018 al nord-est de Mallorca és l'episodi meteorològic més impactant i greu que he viscut mai. L'octubre és el mes més plujós a les Balears. Històricament, les torrentades que han afectat les Illes s'han produït entre el setembre i el novembre. La combinació de les primeres entrades d'aire fred en altura amb una mar a temperatura elevada provoquen episodis de fenòmens extrems. Feia vint-i-nou anys que al sector del llevant de Mallorca no es produïa un episodi de conseqüències greus. El darrer referent fou el 6 de setembre del 1989, quan es van negar l'est i el sud de Mallorca. Una part del nucli urbà de Sant Llorenç, el traçat urbà més proper de la llera del torrent, va quedar greument afectat. Llavors les autoritats decidiren augmentar l'amplària del torrent de Ses Planes al pas pel nucli urbà: n'adaptaren el llit i el formigonaren.

Tornant a l'episodi del 9 d'octubre del 2018, feia dies que els models indicaven una situació potencialment interessant, de ruixats intensos i de tempestes. La complexitat de l'arxipèlag feia difícil precisar on afectarien de manera més important. Un vent suau de component est i una bossa d'aire fred a les capes altes, centrada al nord-est de la Península, havien de marcar un episodi que recordaré tota la vida. Aquell dimarts jo treballava des de primera hora a la redacció d'IB3 Televisió. Teníem avisos meteorològics activats, per tempestes i per precipitacions. Era un d'aquells dies de fer seguiment amb radar, Meteosat i estacions meteorològiques, i de revisar els models en cada actualització. Al matí ja mostraven activitat molt irregular, precipitacions breus però intenses i ruixats sobretot a mar.

A poc a poc, cap a l'est de Mallorca, dins la mar, se varen anar gestant nuclis més importants que avançaven d'est a oest. El seu moviment feia preveure que tocarien terra en algun punt de la costa est de Mallorca. A migdia, ja plovia amb intensitat moderada, i així en vàrem informar a l'espai d'*El Temps* de les tres. Aquella precipitació no s'aturava. L'orografia del terreny va ajudar que els nuclis que entraven des de la mar, fent el recorregut d'est a oest, penetrant pel litoral dels municipis de Sant Llorenç, Manacor, Son Servera i Capdepera marcassen la dinàmica d'aquell dia.

No va ser una precipitació de durada curta: el nucli que avançava cap al nord-est va quedar estàtic i se va anar regenerant durant la tarda. Hi havia puntes d'intensitat molt grans i la precipitació era contínua. Foren hores de vigilar el Meteosat i el radar, també de veure les dades que arribaven des de les estacions meteorològiques automàtiques situades a l'àrea. A les quatre del capvespre la situació ja es preveia complicada. A la redacció d'IB3 Notícies els meteoròlegs comentàvem amb nervis els avisos meteorològics activats, la quantitat de precipitació acumulada en aquell sector i les característiques del nucli tempestuós que no se desfeia, sinó tot el contrari, que s'anava regenerant. Parlàvem amb els editors de l'espai de Notícies per tal que es derivàs un equip de redactor i càmera a la zona que en aquella hora ja era la que més precipitació havia rebut des del matí. Quan va acabar el meu torn vaig partir cap al nord de Mallorca, travessant tota l'illa, amb un ull al cel i l'altre a les imatges del radar de l'AEMET. Quan tornava a consultar dades i comentava la situació per WhatsApp, el nerviosisme era evident.

A les sis del capvespre, a la redacció d'IB3 quedava en Marc Caldentey de guàrdia, encarregat del temps. Sempre recordaré un missatge de veu que van reenviar al grup de la feina. L'enviava un aficionat a la meteorologia, veí de Sant Llorenç i propietari d'una estació meteorològica automàtica. «Senyors, si no s'atura, això és molt greu. Hi haurà un desastre...». Era un missatge contundent, seriós i ple d'emoció d'una persona amb experiència i que sabia el que es deia. A partir d'aquí, i des de casa, vaig rebre el primer vídeo de WhatsApp de la torrentada: un cotxe davallant per dins el torrent. El primer que em va venir al cap era que dins el torrent de Sant Llorenç sovint hi aparcaven cotxes. No vaig veure la magnitud de la situació perquè pensava que el torrent no havia sortit del seu llit. A poc a poc arribaven més vídeos de carrers convertits en rius, de la força de l'aigua revessant portes i finestres i movent cotxes i grans objectes.

El nord-est de Mallorca quedava aïllat, sense electricitat i sense telèfon, incloent-hi Sant Llorenç i Artà, amb unes comunicacions interrompudes que no aclarien quina era la magnitud de les inundacions. A partir d'aquest moment, allò que havia estat un episodi de tempestes de tardor, per gaudir del seguiment, se va convertir en tragèdia i en un malson fet realitat. El pluviòmetre Hellman de 250 mm situat dins el poble va sortir per alt. Les estacions automàtiques de tota la zona mesuraren quantitats similars. La conca petita del torrent de ses Planes, la persistència i intensitat de la precipitació, els ponts que passen per damunt el torrent i la urbanització de la llera del torrent van ser els ingredients que provocaren la torrentada més greu de l'era contemporània en aquesta zona. Vaig passar la nit en blanc intentant aconseguir informació. A primera hora del matí, encara fosca negra, vaig partir cap a la redacció per començar el balanç de les inundacions, el balanç de l'endemà de la catàstrofe. Primeres imatges de dia, recompte de desapareguts, recompte de víctimes i aplec de dades per explicar què i com havia passat. Des de dia 9 d'octubre del 2018 no he tornat a viure igual la precisió d'episodis de temps extrem. Vivim en un clima mediterrani en què les precipitacions torrencials són normals, però sens dubte les revingudes que afectaren especialment Sant Llorenç i Artà m'han fet prendre molta més consciència del perill del clima mediterrani, especialment ara. El territori illenc està transformat per la urbanització: s'han ocupat moltes terres inundables i les vies de comunicació s'han expandit i travessen molt sovint els torrents que drenen l'illa, cosa que multiplica els efectes catastròfics de la pluja torrencial.

L'ANÀLISI DE LA GEMMA I LA MÒNICA

La situació que ens descriu la Xesca va venir donada per una pluja torrencial que va deixar molts litres en poca estona. En quatre hores van caure gairebé 250 mm. Per fer-nos-en una idea, just en aquell punt es recullen 650 mm de mitjana en un any sencer. Per tant, més d'un terç de l'aigua que es recull en un any va caure en tan sols quatre hores. A més, és una zona envoltada de muntanyes, i per tant, si plou als cims, és fàcil que els torrents es carreguin i baixin amb força fins a desembocar just on hi ha el poble de Sant Llorenç des Cardassar. Això és el que podem veure en la següent il·lustració.

Aquell dia l'aigua anava caient als cims de la serralada i carregava diversos torrents, que just desembocaven al poble. Aquí podria començar un debat urbanístic per saber si realment aquestes cases i edificis són en un lloc segur, un debat que no només es produeix aquí, sinó en molts altres llocs del planeta. La combinació de la quantitat d'aigua que va caure en poca estona, els torrents baixant per un pendent pronunciat i la desembocadura al poble és el que va causar la catàstrofe. A això s'hi ha de sumar tot el material que l'aigua va arrossegar, com roques, arbres i cotxes, un cop la torrentada va arribar als carrers. El cabal va arrasar literalment tot el que va trobar pel camí. També van quedar afectats Artà i Manacor. La responsable a gran escala d'aquesta catàstrofe va ser una DANA (Depressió Aïllada en Nivells Alts). Combinada amb vents de l'est que aportaven humitat i un mar càlid després de l'estiu, la DANA va generar un sistema de tempestes organitzades molt potents que a més a més es van quedar estàtiques a la zona en qüestió. És un tipus de situació habitual durant la tardor al Mediterrani, però que no sempre agafa aquesta magnitud desmesurada i molt menys amb aquest nombre de víctimes mortals, que va arribar a tretze.

Què en penses, de l'emergència climàtica?

Els habitants actuals del planeta som testimonis directes del procés de canvi de clima. Haurem viscut, en una sola vida, un canvi de condicions climàtiques mai experimentat abans. Tinc la sensació d'haver entrat al vestíbul d'un medi ambient desconegut, perquè som davant l'impacte del canvi climàtic i experimentem, dia a dia, el canvi a petita escala. L'àrea mediterrània, que té un clima molt variable i amb moltes oscil·lacions, i a més a més un litoral densament poblat i dedicat gairebé en exclusiva al turisme, fet que multiplica la població estacionalment, n'és especialment vulnerable.

L'entorn mediterrani va lligat a la urbanització i a una gran pressió humana. El territori, històricament, no ha estat dotat d'una planificació urbanística adient. En comptades ocasions el disseny de les infraestructures ha tingut en compte els riscos naturals, les àrees inundables, la preservació i la conservació de la línia de litoral o la disponibilitat de recursos hídrics.

El canvi climàtic és una realitat i les investigacions indiquen una radicalització de les condicions climàtiques. Queda poc marge de maniobra; per tant, la població i les infraestructures s'han d'anar preparant per afrontar el canvi i ser molt menys vulnerables als fenòmens meteorològics severs del futur que ja hem començat a tastar i que arriben per canviar la manera de viure de les persones.

De moment ens és possible i «fàcil» aguantar el canvi i, molt sovint, es té la sensació que no és cosa nostra i que no podem actuar en l'àmbit individual, però les generacions que venen s'hauran d'adaptar a un planeta de clima extrem del qual pràcticament desconeixem les conseqüències a petita escala i la vulnerabilitat en l'àmbit local.

UNA MICA MÉS ENLLÀ

En l'episodi proposat per la Xesca hem analitzat el cas concret d'aquella zona, però malauradament aquest tipus d'incidents són habituals.

La ***torrentada*** es defineix com l'avinguda forta d'un torrent. Tenint en compte que un torrent és un corrent d'aigua temporal i característic de llocs pronunciats o grans pendents de muntanya, la crescuda ens pot agafar força desprevinguts. Són zones on normalment no baixa aigua, però quan plou amb ganes ho pot fer amb molta força. I els humans hem anat construint enmig del seu camí. Fixeu-vos quants carrers es diuen torrent: el Torrent de l'Olla, el Torrent de les Flors, el Torrent de Can Vidalet o, simplement, el carrer del Torrent.

Una ***riuada*** va més lligada a la crescuda sobtada d'un riu a causa de les fortes pluges o a la fusió de la neu. També pot créixer de manera ràpida i violenta, desbordar-se i emportar-se tot el que troba al davant. Enmig de les riuades no s'hi construeix, però sí a les ribes.

En aquests casos sempre cal tenir en compte el que es coneix com a ***període de retorn***, que és el càlcul que es fa per saber cada quan s'inundarà una zona. Aquest és un dels factors que es tenen en compte a l'hora de construir. Si per exemple en una zona propera a un riu el període de retorn és de cinc-cents anys, això vol dir que normalment aquella zona queda inundada cada cinc-cents anys. Per tant, hi podem construir. En canvi, si una certa zona s'inunda cada deu anys, serà més complicat situar-hi algun edifici, perquè la probabilitat que se l'endugui l'aigua augmenta.

CARME FARNELL BARQUÉ

El Palau d'Anglesola, 1983.

Soc tècnica de predicció i vigilància del Servei Meteorològic de Catalunya

Actualment visc a Barcelona, tot i que sóc d'El Palau d'Anglesola, un bell poble situat al Pla d'Urgell.

Em dedico a la meteorologia des de tercer de carrera, quan vaig començar a fer les primeres cròniques de a Sants 3 Ràdio. Des de llavors, he passat per diferents mitjans de comunicació: RAC1, RAC105, 8TV, Barcelona TV, Ràdio Flaixbac i Flaix FM. També he treballat en alguns centres d'investigació, com el Grup d'Anàlisi de situacions Meteorològiques Adverses (GAMA), i actualment formo part del Grup de Climatologia de la Universitat de Barcelona (UB) com a doctora en anàlisi, diagnosi i predicció de pedregades.

Des de ben petita vaig tenir clar que volia ser meteoròloga. El moviment dels núvols i els fenòmens meteorològics que caracteritzen la Terra Ferma, com les boires i les pedregades, em van generar moltes preguntes i molta curiositat. Quan tenia disset anys, els pares em van regalar una estació meteorològica manual, amb la qual vaig aprendre nocions dels fenòmens i hi vaig recollir dades meteorològiques, com la temperatura, la pluja i el vent.

Quin és el teu fenomen preferit?

Les pedregades. És un fenomen que afecta anualment el pla de Lleida i causa danys econòmics importants, sobretot a l'agricultura. S'ha de tenir en compte que quan pedrega més és a l'estiu, moment en què es recol·lecta la fruita. Una pedregada entre maig i setembre pot comportar la pèrdua de la feina feta durant tot un any. Fins i tot si l'impacte de la pedra afecta l'arbre, les collites d'anys posteriors se'n poden veure afectades. També és un fenomen que he viscut de ben petita. Fins i tot en alguna ocasió vaig haver de marxar del tros a correcuita per no patir-ne les conseqüències directament. D'altra banda, la formació de la pedra dins el núvol és força complexa, i sovint va acompanyada d'altres fenòmens, com les descàrregues elèctriques, les fortes ratxes de vent i fins i tot la formació d'algun esclafit o tornado. Tot plegat, fa que es converteixi en un fenomen brutal.

Quin episodi recordes especialment?

Recordo el del **16 d'agost del 2016**, dia de Sant Roc, tant en l'àmbit professional com personal. En aquell episodi es van registrar diferents fenòmens de temps violent, com pedra grossa (pedres de més de 2 cm de diàmetre) i ratxes fortes de vent en alguns municipis, fins i tot amb un possible esclafit.

Tot va començar amb diversos nuclis tempestuosos, els quals van formar-se cap a les sis de la tarda a la serra del Montsec, a la Noguera. Aquests nuclis es van fer més extensos i van arribar a formar una línia de tempestes amb uns núvols que cada cop creixien més i més amunt, és a dir que guanyaven desenvolupament vertical. La part davantera d'aquesta línia de tempestes va agafar direcció sud i va anar seguint una trajectòria recta. Una hora més tard, s'endinsava pel nord de la comarca del Pla d'Urgell, moment en què part del terme municipal de Linyola es veia afectat per aquesta tempesta i registrava pedra de 3 cm de diàmetre, ratxes fortes de vent i indicis d'un possible esclafit. Cap a dos quarts de vuit, el nucli de la tempesta abraçava la meitat nord de la comarca, concretament el municipi del Palau d'Anglesola, amb registres de pedra de 3 cm de diàmetre i ratxes fortes de vent. Al municipi del Poal es va observar pedra de 2 cm de diàmetre i vent fort, però menys intens que en els altres dos municipis. En aquell mateix moment, a l'ermita de Sant Roc del Palau d'Anglesola se celebrava un acte festiu d'acord amb el sant del dia. Aquella festa va ser especial per a mi, ja que el meu fill

Roc, d'un any, va fer les seves primeres passes. En el mateix moment, el cel agafava un color fosc i el vent bufava amb força mentre començava a ploure a bots i barrals i a pedregar. Els presents a la festa van haver de marxar cames ajudeu-me i molts vam acabar refugiats dins la mateixa ermita. Malgrat no ser una de les pedregades més severes de la història, a la zona va causar força danys, a causa de l'època de l'any en què es va produir: mitjan agost i en plena recol·lecta de la fruita.

Arran d'aquell episodi, i tenint present els danys causats a la població i a l'agricultura, vam decidir fer, juntament amb en Tomeu Rigo (tècnic de teledetecció al Servei Meteorològic de Catalunya), un treball de camp per tal de recollir tota la informació possible del fenomen.

D'altra banda, l'episodi també va ser utilitzat per posar a prova l'eina Lightning Jump, que es fa servir per fer predicció de temps sever a curt termini.

Seguint la línia de canvis climàtics, en aquests últims anys les pedregades al pla de Lleida han estat poc freqüents, i les que s'han registrat han estat de pedra petita (pedra inferior a 2 cm de diàmetre) o calamarsa (pedra inferior a 0,5 cm de diàmetre). Els últims episodis severs que es recorden en aquesta zona són previs a l'episodi que comentem aquí. Un d'ells és l'esclafit que es va registrar a Alguaire el 4 de setembre del 2014, en què també es va observar pedra. Destaca l'episodi de pedra del 5 de juliol del 2012, catalogat com l'episodi més sever que s'ha registrat a la zona, quan hi va caure pedra amb un diàmetre de 7 cm. Finalment, cal parlar del segon episodi més sever, registrat el 17 de setembre del 2007, en què es van registrar pedres d'un diàmetre màxim de 5 cm.

Per tant, podríem parlar d'un canvi en les situacions sinòptiques favorables a aquest tipus de fenòmens, com també d'una disminució del nombre de pedregades a la zona.

L'ANÀLISI DE LA GEMMA I LA MÒNICA

El fenomen que ha recordat la Carme es va donar un agost que, en conjunt, a Catalunya va ser més aviat sec. Però sí que al Pirineu Oriental, i en concret al Pla d'Urgell, com ella recorda, va ser plujós. Com és habitual en aquesta època de l'any, quan arriba aire fred en altura i es troba amb la calor de l'estiu, és fàcil que es formin tempestes localment intenses. En aquell cas, el període de tempestes es va allargar fins al 20 d'agost. El 16 va ser quan va afectar les comarques de ponent, amb pedra i calamarsa. En alguns casos els xàfecs van descarregar amb intensitat, i en algunes estacions es van superar els 30 mm en mitja hora.

REGISTRES

Estació meteorològica	Comarca	Precipitació acumulada
Borgonyà (XOM)	Osona	71,5 mm
Casserres (XOM)	el Berguedà	61,6 mm
Navès	el Solsonès	50,9 mm
Roda de Ter (XOM)	Osona	46,6 mm
Boí (2.535 m)	l'Alta Ribagorça	46,4 mm

L'agost del 2016 també el recordarem per la inauguració del nou radar de Vallirana, després de quatre anys sense funcionar a causa de les greus deficiències en la qualitat de les dades. L'antic, inaugurat el 1966 al puig Bernat, va ser el primer radar meteorològic gestionat des de Catalunya. Al nostre país disposem de quatre radars meteorològics estratègicament col·locats per obtenir dades de la precipitació del conjunt del territori: Vallirana (2016), Puig d'Arques (2002), la Panadella (2003) i Tivissa-Llaberia (2008).

Què és un radar meteorològic?
El radar meteorològic funciona com qualsevol radar d'avions o d'automòbils, però en aquest cas el que detecta és la precipitació. Té una antena que va girant i envia ones de ràdio que, quan es troben la cortina de precipitació, retornen un eco que tot seguit és processat. A partir d'aquí es pot saber on és aquesta precipitació i quina intensitat té. Això ho veiem reflectit en un mapa de colors, en què cada color ens indica una intensitat. A partir d'aquí també podem deduir o intuir si cau pedra o calamarsa.

Què en penses, de l'emergència climàtica?

La disminució del nombre de pedregades pot estar directament relacionada amb l'augment de la temperatura i amb l'escalfament planetari, i tenir com a conseqüència un augment de les tempestes de pedra petita i d'episodis de pluja torrencial. La sobreedificació i sobreexplotació del territori generen una elevada vulnerabilitat de la societat davant fenòmens com les pluges torrencials, tant a escala global com local. En aquest sentit, els incendis, clarament relacionats amb el canvi climàtic, serien un dels altres fenòmens preocupants, no tan sols per la vulnerabilitat del territori sinó també per la pèrdua de la biodiversitat, que triga dècades a recuperar-se, si és que ho acaba fent. Tot plegat comportarà un canvi en les espècies i, per tant, en l'ecosistema. Es podria continuar parlant de preocupació si pensem que tots els fenòmens extremadament severs (huracans, sequeres, etc.) tendiran a augmentar, amb les conseqüències que això implica. Malauradament, és el Tercer Món el que en patirà les conseqüències més greus i més directes.

De cara al futur, els escenaris climàtics que ens esperen són preocupants, perquè mostren una tendència més negativa quan s'actualitzen amb les dades climàtiques més recents. Però el canvi és possible, i la societat cada vegada està més conscienciada. Si tota la població mundial va a l'una, es pot aconseguir. Si no és així, les generacions futures en patiran les conseqüències: patiran la natura de la qual nosaltres ara gaudim. La natura és sàvia i ens ho està demostrant dia a dia.

UNA MICA MÉS ENLLÀ

La Carme ens ha parlat de les pedregades. Nosaltres eixamplarem una mica més el tema i us explicarem la diferència entre les calamarsades i les pedregades.

Tant la pedra com la calamarsa es generen dins dels núvols de tempesta, els coneguts com a *cumulonimbus*, que es formen més fàcilment a l'estiu, ja que la calor funciona com un autèntic motor perquè creixin. En aquest tipus de núvol es donen forts moviments, uns corrents ascendents i descendents. Les petites gotes d'aigua que es van formant per la condensació del vapor d'aigua van cap amunt del núvol, i un cop arriben a la part més alta, es congelen i creen el nucli del gra de calamarsa o de pedra que nosaltres coneixem. A dalt de tot es troben amb gotes congelades i s'ajunten. D'aquesta manera es van formant capes de gel, l'una sobre l'altra. Segons si puja o baixa, aquesta capa és més opaca o més transparent. I de fet, si tenim la sort d'agafar una d'aquestes pedres i la tallem pel mig, podem observar aquestes capes i deduir els cops que ha pujat i baixat dins del núvol. Un cop la pedra o calamarsa pesa prou perquè els corrents no la puguin aguantar més, cau, i és quan ens arriba a terra.

La diferència entre pedra i calamarsa és la mida dels grans de gel.

La calamarsa té un diàmetre inferior a 5 mm. És transparent o semitransparent i no es trenca en caure a terra.

En el cas de la **pedra**, els grans de glaç tenen un diàmetre superior a 5 mm. Té capes opaques i capes transparents. Hi ha el cas especial de pedres més grans de 2 cm, que es defineixen com a ***pedra gran*** o ***pedra grossa***.

I aquí també podem trobar el ***calabruix***, que és una mena de neu tova. El seu procés de formació és com el de la pedra i la calamarsa, però el resultat és menys dur i per això ens recorda la neu. També s'anomena ***neu granulada*** o ***neu rodona***.

Normalment, perquè ens fem una idea de la mida, els oients i espectadors ens fan arribar la imatge posant la pedra o calamarsa al costat d'un objecte, com un regle, una moneda, una pilota petita o un ou, però per mesurar el nombre de grans de pedra o calamarsa caiguts en una extensió i període determinat existeix un instrument: el **granímetre**. Es tracta d'una placa rectangular d'un material rígid deformable, com el porexpan, sobre un suport metàl·lic. Quan la pedra cau sobre aquest material hi deixa la marca, i això ens permet saber el diàmetre i la quantitat de pedra caiguda, de manera que en podem definir la intensitat.

CURIOSITAT

Algunes pedregades han deixat rècords espectaculars. Per exemple, la pedra més pesant, caiguda a Gopalganj (Bangladesh) l'abril del 1986, era d'1,02 kg. La de més diàmetre feia 20 cm i va caure a Vivian (Dakota del Sud) el juliol del 2010. La de més circumferència, amb 47,6 cm, va caure a Aurora (Nebraska) el juny del 2003. El lloc amb més pedregades de mitjana és Kericho (Kenya), amb 50 anuals. Finalment, la més mortal va matar 246 persones l'abril del 1888 a Moradabad (Índia).

NÚRIA SERÓ PICART

Lleida, 1985.

Soc meteoròloga a TVE, prèviament a Aragón TV.

Resideixo a Madrid, tot i que també vaig viure a Saragossa.

Em dedico a la meteorologia des de fa deu anys.

De gran volia ser astrònoma.

Quin és el teu fenomen preferit?

La boira. Tant per la nostàlgia que em transmet com a l'hora de fer la previsió. Em recorda quan era a Lleida a l'hivern, a casa, i em fa sentir bé. Tot i que faci fred i no es vegi el sol durant dies, és un fenomen que em trasllada a la ciutat on vaig créixer. D'altra banda, la boira és difícil de preveure, sobretot el primer i l'últim dia.

Quin episodi recordes especialment?

Fa un parell d'anys, el 2018, vaig anar de viatge amb una amiga a Roma. Mirant la previsió del temps, tot apuntava que, dels dies que hi seríem, el dilluns al matí tota la ciutat estaria blanca. Ho vaig comentar abans de marxar amb companys i amics, i la gent em mirava una mica incrèdula, ja que no és habitual que nevi, però és clar, com que soc meteoròloga, em creien. Era la primera vegada que visitàvem la capital italiana. Ens vam organitzar per veure la ciutat en tres dies, i vam deixar el Colosseu per al dilluns. Quan ens vam despertar el dilluns al matí, la meva amiga va obrir la finestra i va al·lucinar amb la nevada que havia caigut: eren uns 5 cm, poc però suficient per formar una capa de neu. Vam tenir la sort de veure el Colosseu nevat, i també la resta de la ciutat. Això va ser el **26 de febrer del 2018**. Aquell mateix dia vam tornar cap a casa i, dos dies després, hi havia previsió de nevada a Saragossa. Tampoc és un lloc on neva cada any, a tot estirar s'hi veu algun floc. Doncs bé, el 28 va nevar a Saragossa. També una petita capa, però suficient per sortir al carrer, fer fotografies i gaudir de la neu i de la previsió complerta.

L'ANÀLISI DE LA GEMMA I LA MÒNICA

La nevada que recorda la Núria a Roma no només va afectar Itàlia, sinó que va ser una entrada d'aire molt fred que va provocar que les temperatures es desplomessin a bona part d'Europa. Perquè la neu arribi a llocs on no és habitual i provoqui situacions meteorològiques inèdites cal que es combinin diferents factors. D'una banda, necessitem molt fred, és a dir, una entrada d'aire que faci baixar prou la temperatura perquè si plou sigui en forma de neu. Normalment, a casa nostra aquesta aportació de fred intens ens arriba de Sibèria. Habitualment és una massa d'aire seca, ja que tot el recorregut que ha fet abans d'arribar al nostre país ha sigut continental i no ha passat per sobre d'una superfície d'aigua per recollir humitat. Per tant, si només tenim aquest factor, fa molt fred però no neva. Què necessitem perquè nevi? Que ens arribi humitat d'alguna altra banda. A Catalunya, aquesta humitat ens arriba del mar Mediterrani. I això és just el que va passar en aquell episodi: es va formar una depressió al Mediterrani que va impulsar vent de mar cap a terra just a la banda occidental d'Itàlia. Aquesta aportació d'humitat va anar carregant l'ambient i això va afavorir la formació de núvols i de precipitació, que en trobar-se amb unes temperatures extremadament baixes, va caure en forma de neu.

L'entrada d'aire fred va ser tan marcada que al nord d'Itàlia les temperatures van caure fins als -20 °C. Quan la Núria es va trobar amb la nevada de Roma el 2018, feia sis anys que no hi nevava.

Aquesta entrada d'aire fred va provocar també una situació de temps molt sever al Regne Unit: temperatures molt baixes i nevades abundants. Des del diaris britànics ho van anomenar «la Bèstia de l'Est». Aquest fenomen va batre diversos rècords de fred en molts indrets del continent europeu i va deixar una cinquantena de morts.

CURIOSITAT

Sabeu que hi ha de diferents tipus de neu? Granulada, dura, primavera, humida... Aquesta última va ser la responsable de la caiguda de nombroses torres elèctriques a les comarques de Girona durant la nevada del 8 de març del 2010. És una barreja de neu i aigua que pesa més que la neu habitual. A més a més, es queda enganxada, i això pot provocar conseqüències com aquesta.

Què en penses, de l'emergència climàtica?

Em preocupa la incoherència. Tots fem coses per protegir el planeta i som conscients que l'hem de cuidar; per exemple, sí que hem canviat les ampolles de plàstic i ara en portem de vidre, però encara preferim anar amb cotxe a treballar que no pas amb mitjans públics. Potser és per una qüestió de temps, que podem guanyar un quart d'hora, però aquest temps té moltes més conseqüències per al planeta.

UNA MICA MÉS ENLLÀ

La Núria ens comenta que el seu fenomen preferit és la boira. Però què és la boira? La podem definir com un núvol enganxat literalment a terra. Quan es refreda la superfície, el vapor d'aigua que hi ha a la capa de sobre es condensa i forma petites gotes d'aigua que queden en suspensió. A partir d'aquí, cal que no bufi el vent, perquè si no la desfaria. Necessitem una situació més aviat d'estancament. La boira redueix la visibilitat a menys d'1 km, i es coneix també amb el nom de «broma». Un cop el sol comença a escalfar o bufa el vent, la boira es desfà.

Quan la boira és més espessa s'anomena ***boirassa*** o ***bromassa***, i quan és poc densa, ***boirina*** (en aquest cas la visibilitat és més bona, d'1 a 10 km).

Quan la boira té molta humitat i remulla, en diem ***boira ploranera*** o ***pixanera***, i quan les gotes d'aigua es congelen, es dipositen sobre dels objectes i els deixen tots blancs, s'anomena ***boira gebradora.***

De boires n'hi ha de diferents tipus, segons el procés de formació:

Boires d'advecció: Es formen quan dues masses d'aire es posen en contacte, una de més càlida i humida damunt d'una de freda, o a l'inrevés. Aquest és el típic procés de formació de les **boires costaneres**, quan l'aigua del mar està més temperada i de sobte arriba una massa d'aire més freda. Es formen boires dins del mar que, de vegades, poden traslladar-se terra endins. En dies d'ambient més càlid i mar fred, passa el mateix. Són típiques de primavera, quan el mar encara és fred i comencen a arribar les primeres entrades d'aire més càlid.

Boires de radiació: es formen normalment en nits serenes i fredes d'hivern en certes zones més enclotades. El terra es refreda durant la nit i de rebot fa baixar la temperatura de la capa d'aire que té just enganxada a sobre. Això provoca la condensació del vapor d'aigua i la formació de boires. Passa sovint quan hi ha altes pressions i anticiclons, que actuen com si fossin una tapa d'olla i no deixen que l'aire ascendeixi. A mesura que avança el matí i el sol escalfa, aquesta capa de boira es va aprimant. Tot i això, hi ha zones de Catalunya, com el pla de Lleida, on l'escalfor durant les hores diürnes no és suficient per desfer del tot la boira i, com diu la Núria, pot persistir dies i dies.

Boires d'evaporació: es formen quan es produeix una evaporació sobre una superfície d'aigua i, en trobar-se amb l'aire fred de sobre, es torna a condensar i fa un efecte de fum. Passa per exemple als pantans o als llacs que fumegen igual que un plat de sopa o un cafè calent.

Segons el territori on es forma la boira, de vegades fins i tot té un nom concret, com per exemple la ***vacarissana*** a Vacarisses; o la ***gitana***, que és com s'anomena la broma de riu a l'Alforja; o la ***pubilla de la Plana***, a la plana de Vic.

La meteorologia sempre va de la mà de la saviesa popular, i per aquesta raó podem trobar nombroses dites relacionades amb cada fenomen. Alguns exemples de la boira són:

Si la broma jau en sec, ven les mules i el guaret.
Quan la boira pastura, aigua segura.
Boira a la muntanya, pastor a la cabanya.
Boira de matinada, aviat acabada.

ANNA PÉREZ CATALÀ

Badalona, 1990.

Soc ambientòloga experta en canvi climàtic.

Resideixo a Rialp.

Treballo en canvi climàtic des que vaig acabar la carrera, el 2012.

De gran volia ser mestra.

Quin és el teu fenomen preferit?

El vent, perquè escampa els núvols i els problemes, i deixa dies i ments clares.

Quin episodi recordes especialment?

A finals de **juny del 2019 hi va haver una onada de calor a la majoria d'Europa**. Va ser el juny més calorós de la història al continent i es van batre rècords de temperatura a països com França, Alemanya i Bèlgica.

Jo era a Alemanya, a les negociacions de les Nacions Unides contra el canvi climàtic, i feia una calor insuportable. Tot i ser en un país on normalment la temperatura és agradable a principis d'estiu, aquell any gairebé no s'hi podia dormir a la nit. Es van establir recomanacions per als negociadors dels diferents països perquè prenguessin precaucions davant la calor, i no venia de gust sortir del centre de convencions, ja que era l'únic lloc amb aire condicionat. No cal dir que l'onada de calor i el seu lligam amb el canvi climàtic era el tema de conversa pels passadissos de la convenció.

Precisament per emetre menys gasos d'efecte hivernacle, jo havia decidit anar i tornar d'Alemanya amb tren, un trajecte d'unes dotze hores. De tornada, però, a causa de l'onada de calor tot es va complicar. El tren que havia d'agafar a París va tenir un problema al motor i vam haver d'esperar a l'andana durant dues hores i mitja, sota un sol de migdia infernal, fins que arribés el següent. L'aventura tot just començava: el motor del tren se sobreescalfava per culpa de la calor ambiental, i provocava que el tren no pogués anar a la velocitat que li tocava o que hagués de parar, i a sobre vam trobar un incendi de camí que va fer aturar el tren una bona estona.

Vaig arribar a Barcelona Sants ben entrada la matinada, molt adormida i acalorada, i pensant, amb preocupació i ràbia, en la inacció dels governs per frenar el canvi climàtic.

El més curiós de tot va ser que la ràdio nacional del Canadà, en llegir les piulades que vaig fer des del tren parlant del canvi climàtic i les onades de calor, em va fer una entrevista per a les notícies del migdia, que vaig contestar des del vagó, i que es va tallar diverses vegades a causa dels túnels.

L'ANÀLISI DE LA GEMMA I LA MÒNICA

L'onada de calor del juny del 2019 serà recordada arreu del planeta pels rècords de temperatura. Segons l'Oficina Nacional d'Administració Oceànica i Atmosfèrica dels Estats Units (NOAA), va ser el juny més càlid a escala global des que hi ha registres, des de l'any 1880.

Aquest juny excepcionalment càlid també el vam notar a casa nostra, amb una onada de calor històrica a Catalunya, entre el **25 i el 30 de juny**. No tan sols va ser intensa, sinó que a més a més va persistir molts dies. Es van enllaçar més de quatre dies consecutius amb màximes de 40°C. Les temperatures no només es van disparar de dia sinó també de nit. En el cas concret de l'Observatori Fabra, que recull dades des de fa més de cent anys, la nit del 28 al 29 de juny la temperatura no va baixar dels 31 °C.

De fet, per veure com la tendència ens indica temperatures cada cop més elevades, recordem que fa deu o dotze anys era notícia parlar d'una nit tropical, aquella en què les temperatures no baixen dels 20 °C. A hores d'ara, s'han convertit en habituals durant l'estiu, i fins i tot n'hi ha que no baixen dels 25°C. Aquestes són conegudes com a nits tòrrides.

REGISTRES

Localització	**País**	**Temperatura**
Gallargues-le-Montueux	França	45,9 °C
Doksany	República Txeca	39,9 °C
Bernburg/Saale	Alemanya	39,6 °C
Radzyn	Polònia	38,2 °C

La següent taula mostra les temperatures més altes durant tot l'episodi a Catalunya, entre el 25 i el 30 de juny.

Estació meteorològica	**Comarca**	**Temperatura**
Alcarràs	el Segrià	43,8 °C
Artés	el Bages	43,6 ªC
Vinebre	la Ribera d'Ebre	43,5 °C
Fornells de la Selva	el Gironès	43,4 °C
Sant Salvador de Guardiola	el Bages	42,9 °C
Vilanova de Segrià	el Segrià	42,9 °C

MAPES

Aquesta onada de calor la va portar una borrasca situada a l'oest de Portugal, que va impulsar vent del sud, i una entrada d'aire càlid provinent del nord d'Àfrica que va arribar a Catalunya i també a França, els Països Baixos, Alemanya i Anglaterra.

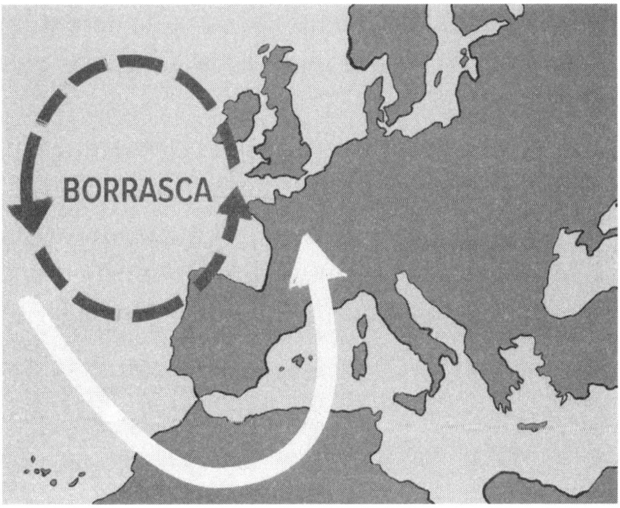

CURIOSITAT

La temperatura més alta mai registrada al planeta va ser de 56,7 °C l'any 1913, a Furnace Creek, al Death Valley de Califòrnia. És un rècord que ha portat polèmica. Durant noranta anys, la medalla d'or la va tenir Aziziya, a Líbia, però l'any 2012 l'Organització Meteorològica Mundial (OMM) la va invalidar perquè considerava que la mesura no era fiable.

Què en penses, de l'emergència climàtica?

Em preocupa que no hi hagi cap govern al món que es prengui seriosament la lluita contra el canvi climàtic. Si volem mantenir l'augment de la temperatura global per sota els límits que ens marca la ciència i preservar així el món tal com el coneixem, hauríem d'estar prenent accions dràstiques de manera immediata que canviarien radicalment la nostra economia i societat. I, ara mateix, no hi ha cap govern al món que ho estigui fent.

Per al futur tinc una barreja de por i d'esperança: por dels impactes del canvi climàtic que tenim i que vindran, i de les profundes desigualtats que això pot crear, però també esperança de saber que el futur és allò que construïm plegats, que cada vegada hi ha més pressió i més gent que treballem per frenar el canvi climàtic.

UNA MICA MÉS ENLLÀ

En aquest capítol hem fet molt d'èmfasi en l'onada de calor, però com es defineix?

Segons l'OMM, l'**onada de calor** té lloc quan hi ha, com a mínim, dos dies consecutius amb una temperatura inusualment càlida i persistent. A partir d'aquesta definició, cada organisme meteorològic competent de cada lloc del món defineix els seus llindars específics. No podem marcar el mateix límit de temperatures per definir una onada de calor a Barcelona, a Oslo o a Marràqueix.

En el nostre cas, el Servei Meteorològic de Catalunya estableix que hi ha onada de calor quan les temperatures superen el valor de temperatura màxima marcat pel 98% de dades d'aquell lloc durant tres dies o més. Per exemple, al Segrià el llindar seria de 38 °C, i en canvi al Maresme seria de 34 °C.

Un altre fenomen interessant, lligat amb les entrades de vent del sud, és la ***pols sahariana***, que són les partícules en suspensió que provenen del desert del Sàhara. El vent aixeca la sorra fins a capes més altes de l'atmosfera i la transporta fins a casa nostra. Quan això passa veiem el cel tèrbol, de color terrós, i si plou, l'aigua ho arrossega tot en forma de pluja de fang. La persistència d'entrada de pols sahariana en dies d'estabilitat i anticicló, en què no hi ha ventilació, facilita l'augment de les partícules PM10 (partícules petites amb un diàmetre inferior a 10 micrograms) i això empitjora la qualitat de l'aire que respirem. Fins i tot pot causar migranyes i problemes respiratoris a gent vulnerable.

Pel que fa a la calor, també tenim la ***sensació de xafogor,*** que és un índex que marca la temperatura percebuda pel cos humà quan es combina la temperatura de l'aire amb la humitat relativa. ***Xafogor*** prové del llatí *exoffocatio* («ofegar»).

Quan l'aire que ens envolta està carregat d'humitat, la suor del cos no pot sortir amb la mateixa facilitat. S'acumula damunt la pell i és llavors quan notem la desagradable sensació de xafogor que ens fa patir tant de dia com de nit. A la pàgina següent us mostrem un fragment de la taula on podeu trobar les equivalències.

Com es pot veure, no és el mateix una temperatura de 30 °C amb una humitat baixa del 30%, en què el nostre cos percep uns 32 °C, que un dia amb 30 °C però una humitat del 80%. Aleshores aquell dia la sensació de xafogor és insuportable i el nostre cos percep uns 43 °C.

	30%	40%	50%	60%	70%	80%	90%	100%
40°	47	51	55	59	63	67	71	75
39°	45	49	53	57	61	65	68	72
38°	44	47	51	55	58	62	66	69
37°	42	45	49	52	56	59	63	66
36°	40	44	47	50	54	57	60	63
35°	39	42	45	48	51	54	58	61
34°	37	40	43	46	49	52	55	58
33°	36	39	41	44	47	50	53	55
32°	34	37	40	42	45	48	50	53
31°	33	35	38	40	43	45	48	50
30°	32	34	36	39	41	43	46	48
29°	30	32	35	37	39	41	43	46
28°	29	31	33	35	37	39	41	43
27°	27	29	31	33	35	37	39	41
26°	26	28	30	32	34	35	37	39
25°	25	27	28	30	32	34	35	37
24°	24	25	27	28	30	32	33	35

ESTHER BATALLA LEÓN

Barcelona, 1973.

Soc tècnic de predicció i vigilància del Servei Meteorològic de Catalunya

Em dedico a la meteorologia des de l'any 1997, quan a través d'una empresa temporal vaig començar a treballar per a la Corporació Catalana de Mitjans Audiovisuals.

De gran volia ser astronauta.

Quin és el teu fenomen preferit?

La tempesta, per la descàrrega elèctrica i per tots els processos implicats en l'electrificació del núvol i el trencament del dielèctric que es produeix amb la descàrrega entre el núvol i el terra.

A més a més, si el cúmul està molt desenvolupat, hi ha una resposta molt interessant a l'estratosfera, amb els *blue jets*, i fins i tot a la mesosfera, amb els *sprites*, també coneguts com a *espectres vermells*. Es tracta de descàrregues elèctriques que es produeixen per sobre els núvols com els cumulonimbus quan hi ha tempesta intensa.

Tots els processos associats a les tempestes són encara poc coneguts, i manca un model o una descripció més exhaustiva, cosa que encara les fa més fascinants.

Quin episodi recordes especialment?

El **temporal de vent del 24 de gener del 2009**. La ventada va afectar gairebé tot Catalunya, amb especial impacte al Litoral i Prelitoral central. Durant tota aquella setmana jo havia estat treballant al Servei Meteorològic de Catalunya, a l'equip de pronòstic i vigilància. Feia només tres setmanes que hi havia entrat, i recordo haver dit a les sessions informatives prèvies a aquell dia que mai no havia vist mapes amb un flux de vent tan continu i persistent en tots els sentits. Un parell de dies abans ja havíem activat els avisos per vent. Aquell matí en qüestió, vaig anar caminant a la feina pels carrers de Barcelona. Tot volava, i havia caigut mobiliari urbà, motos, branques i arbres. Un paisatge molt atípic, més propi d'una catàstrofe. Feia por. Vaig arribar amoïnada, i hores després s'hi va sumar la frustració quan ens vam assabentar d'un accident al camp de beisbol de Sant Boi. Sempre penso que potser els nostres avisos no van arribar prou a la població.

Des de llavors, tinc més present la importància de millorar la manera amb què ens comuniquem. Ho considero una assignatura pendent. I a això s'hi suma l'actitud dels polítics, sempre demanant explicacions, posant de manifest la responsabilitat de la feina que fem.

L'ANÀLISI DE LA GEMMA I LA MÒNICA

Tots els fenòmens severs deixen empremta, alguns per les destrosses provocades i altres per les vides que s'han endut. Aquest temporal el recordarem sempre per la pèrdua de quatre nens que van morir en ensorrar-se el túnel de batuda de l'estadi de beisbol de Sant Boi de Llobregat. Un drama al qual es van sumar tres morts més per la caiguda d'arbres, diversos ferits i danys materials en el mobiliari urbà.

Aquell dia, el vent va bufar molt fort a tot Catalunya, no només als llocs on és habitual, com a les comarques de Tarragona, l'Empordà i als Pirineus, sinó també a la resta, incloent-hi els voltants de Barcelona, on no acostuma a veure's aquestes ventades. L'episodi es va allargar des de bon matí fins al vespre, i precisament la persistència del vent va ser el que va generar tantes destrosses. La ventada va ser forta a tot arreu, però els efectes van ser diferents. Com és d'esperar, si el vent bufa amb molta força en un lloc on això és habitual, els danys són menors, ja que està preparat per a la situació. Però si els cops de vent arriben a zones poc habituades i molt poblades, les conseqüències són més greus. Això és el que va passar a la costa i al Prelitoral de Barcelona.

A més de Catalunya, aquesta situació va afectar el nord d'Espanya i el sud de França, on també va deixar víctimes mortals. En total van morir vint-i-sis persones, dotze de les quals a Espanya.

Tot plegat va ser conseqüència d'un **cicló extratropical anomenat Klaus**, i és per això que aquest episodi es recorda popularment com a ***vendaval Klaus***. Un cicló extratropical és una zona on la pressió atmosfèrica és molt baixa i no correspon ni a un cicló tropical ni a un cicló polar, sinó que se situa a latituds mitjanes, justament on és Catalunya. Si la formació ve donada per una baixada de pressió molt ràpida, més del que és habitual, es coneix com a ***ciclogènesi explosiva***. El descens de la pressió ha de ser de l'ordre de 24 hPa en menys de vint-i-quatre hores. A Catalunya, per això, si la pressió baixa uns 18 hPa en un sol dia, ja rep aquest nom.

Ciclogènesi explosiva, o el que es coneix en anglès com a ***meteorological bomb***, és un terme proposat l'any 1980 per dos investigadors nord-americans, Fred Sanders i John R. Gyakum. A Catalunya es va fer popular justament el 24 de gener del 2009. Ara ja hi estem més familiaritzats. Altres exemples són les borrasques Xynthia, del febrer del 2010, o l'Ana, del desembre del 2017.

MAPES

En un sol dia, la borrasca es va desplaçar més de 2.000 km. El procés de ciclogènesi explosiva va ser clar, ja que la pressió del seu centre va baixar 30 hPa en 24 hores. Una pressió que es va situar per sota dels 970 hPa. Aquell dia, tots els que pateixen mal de cap i migranya amb els canvis de pressió no ho devien passar gaire bé.

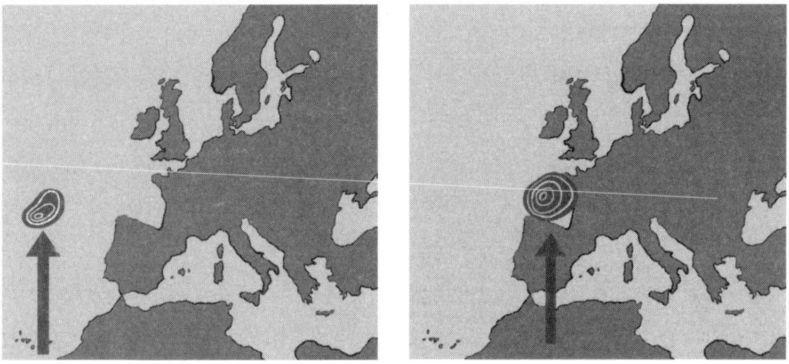

Entre les dues situacions van passar només 12 hores.

REGISTRES

A continuació, perquè us imagineu la magnitud de la ventada, podeu veure una taula amb els cops de vent més importants. Els més intensos, amb més de 120 km/h, van ser al sud, a l'Empordà i als Pirineus, on són més habituals, però les ventades que hi va haver a la costa i el Prelitoral de Barcelona també van ser de rècord.

Estació meteorològica	Comarca	Ratxa màx. de vent
Portbou	l'Alt Empordà	200.2 km/h
Núria (1.971 m)	el Ripollès	162.0 km/h
Salòria (2.445 m)	el Pallars Sobirà	161.6 km/h
el Perelló	el Baix Ebre	146.9 km/h
Font-rubí	l'Alt Penedès	139.3 km/h
Òdena	l'Anoia	139.0 km/h

Estació meteorològica	Comarca	Ratxa màxima de vent
Lac Redon (2.236 m)	la Val d'Aran	132.1 km/h
Alguaire	el Segrià	129.2 km/h
Espot (2.520 m)	el Pallars Sobirà	124.9 km/h
Falset	el Priorat	122.0 km/h
Mas de Barberans	el Montsià	121.7 km/h
l'Espluga de Francolí	la Conca de Barberà	121.0 km/h

CURIOSITAT

A Catalunya els llocs més ventosos són l'Empordà, els Pirineus i les comarques del sud, sobretot les Terres de l'Ebre. Això ve donat per l'orografia, el conjunt de muntanyes d'una zona. A Catalunya, quan el vent bufa del nord o nord-oest, es canalitza per una banda entre els Pirineus i els Alps per la vall del Roine, i això fa que a l'Empordà bufi fort. I a l'extrem sud passa el mateix. El vent s'escola entre els Pirineus i la serralada Ibèrica i tot seguint l'Ebre es canalitza agafant velocitat fins a les terres del sud. En punts de muntanya també bufa fort perquè no hi ha cap obstacle que l'aturi.

Què en penses, de l'emergència climàtica?

Em preocupa especialment la crisi energètica. En primer lloc, estem focalitzant tots els esforços a reduir les emissions de CO_2, que és el que hem de fer, però l'enfocament no és l'adient. És obvi que cal substituir les energies fòssils, però també n'hem de reduir el consum de manera significativa. Si no ho fem, mai podrem prescindir de l'energia nuclear, que actualment genera molts residus tòxics, i realment perillosos.

En segon lloc, el nivell de consum d'electricitat s'ha disparat, i a part de l'efecte a escala energètica, un altre problema afegit és el de la crisi de materials, ja que molts metalls utilitzats en microcircuiteria, com les bateries, estan al límit. És cert que invertint en investigació es poden desenvolupar nous materials i formes més eficients de produir i emmagatzemar l'energia elèctrica, però si no es redueix el consum sempre anirem per darrere en aquesta cursa.

El tercer aspecte de la crisi és la gestió de residus. En generem tants que és una bestiesa. Resulta desolador viatjar a algunes parts d'Àfrica on s'acumulen muntanyes de components elèctrics de diferents aparells que alliberen metalls pesants pertot arreu. Tot el que no volem a Europa va a parar allà en forma de caritat.

UNA MICA MÉS ENLLÀ

Les tempestes són un dels fenòmens que més agraden... Però, com es produeixen? Una tempesta es forma quan tenim un fort moviment vertical de l'aire, anomenat *convecció*. L'aire calent va pujant, com si fos un globus, i a mesura que ho fa s'expandeix i es refreda. A més a més, a dalt es troba amb aire que està més fred. La capacitat de contenir vapor d'aigua en el cas de l'aire fred és inferior que en el cas de l'aire càlid. Per tant, arriba un moment que se satura, i això provoca que el gas (vapor d'aigua) passi a líquid (aigua). És el que es coneix com a *condensació*.

Aquest procés comença a una altura que rep el nom de *nivell de condensació* i que marca la part inferior del núvol, la seva base. Però va creixent amunt i dins seu es formen també cristalls de gel. Tenim, doncs, dins del núvol: gotes d'aigua i cristalls de gel que amb els corrents ascendents i descendents van amunt i avall. Mentre es forma la tempesta, predominen els corrents que van de terra cap al núvol, i quan la tempesta evoluciona, i sobretot quan avança cap al final, predominen els corrents descendents, que van del núvol cap a terra.

Dins d'aquests núvols, que són els coneguts com a ***cumulonimbus***, hi ha vapor d'aigua, aigua líquida i gel. En el moment de la formació té lloc una separació de càrregues: avui dia encara no està clar com es produeix, però el que sí que sabem és que la càrrega positiva s'acumula a la part més alta del núvol i la negativa a la més baixa. Aquesta càrrega negativa de baix fa que la superfície de la terra es carregui positivament i, aleshores, quan el camp elèctric supera un cert llindar, es produeix la descàrrega: el **llamp**. Els llamps poden esclatar del núvol a terra, dins d'un mateix núvol o entre núvols. El llamp escalfa molt l'aire del seu voltant i això fa augmentar clarament la pressió. Aquesta ona de pressió de l'aire és el que genera el **tro**. **Llampec** és com s'anomena la llum que fa el llamp.

Algunes de les dites o refranys sobre el temps ja ens avancen en quina fase de la tempesta estem: «Després de la **tronada**, ve la pluja» i, en la fase final, «Després de la **tempesta**, ve la calma».

També tenim la **tempesta de sorra**. És un fenomen molt estrany a casa nostra. De vegades, localment, es pot formar a petita magnitud arran de costa o en llocs de secà. Les tempestes de sorra pròpiament dites s'originen més aviat a les grans zones desèrtiques del planeta, on hi ha una gran quantitat de sorra. El pas d'un front pot portar forts ascensos de l'aire, que aixequen la sorra i la fan avançar com si fos un mur. És imparable. Redueix clarament la visibilitat, de vegades enfosquint completament el cel, i afecta clarament les persones que es troba al seu pas: s'han de protegir els ulls i buscar refugi ràpidament, lluitant contra les dificultats de respiració. Si són a casa és imprescindible tancar-ho tot. Malgrat que de llamps també se n'han vist en aquesta mena de tempestes, no és habitual que se'n formin, perquè el gran generador dels llamps és, com comentàvem abans, el cumulonimbus.

MONTSERRAT CANAL QUINTANA

La Colònia Vidal, 1953.

Estic jubilada. Resideixo a Cardona des de fa 46 anys, així em considero cardonina de soca-rel.

No em dedico a la meteorologia, però en soc molt aficionada! M'apassiona ja des de ben petita. Me la va encomanar el meu avi Joan, i també l'astronomia. Des de fa dotze anys prenc dades sobre temperatura mínima i màxima, pluviometria i altres curiositats, com el dia que arriben les orenetes i les falcies, el dia que marxen, quan floreixen els arbres fruiters, quan hi ha glaçades, gebrades, calamarsades, pedregades...

Vaig començar a fer-ho el 2008, arran de participar en el bloc d'*El Temps* de TV3, que es deia *El temps amb nom i cognoms*, on contrastàvem dades i fenòmens meteorològics amb un grapat de gent aficionada de diferents llocs de tot Catalunya.

Vaig aprendre a mirar i remirar mapes, saber-los interpretar i contrastar, vaig aprendre el nom de tota classe de núvols i fenòmens atmosfèrics, a tafanejar enllaços i càmeres web de tot el món, a veure el temps real de cada lloc, si el sol té taques o no... una passada! Se'm va obrir un gran ventall d'emocions i sensacions desconegudes fins llavors.

Més endavant, el bloc va quedar obsolet i el van tancar, però nosaltres, tota la colla que hi participàvem, continuem compartint la passió a través de les xarxes com Facebook i WhatsApp. Ens trobem un cop l'any, som una pinya, i a més de compartir la nostra afició per la meteorologia també ens uneix una gran amistat.

Mai em vaig plantejar què volia ser de gran. Sense haver estudiat cap carrera, soc autodidacta. Tinc la gran sort que puc escriure un poema quan se'm presenta l'ocasió i la inspiració, i miro sempre el cel per copsar què passa en cada moment. Si hi ha alguna cosa que em cridi l'atenció, ràpidament busco la càmera per poder retenir-la amb una fotografia.

Quin és el teu fenomen preferit?

L'arc de Sant Martí. Deu ser per la meva vinculació amb la poesia, i és que el trobo poètic. Em fascina. Després d'un bon xàfec, s'obre el cel i els raigs de sol atrapen les petites gotes de pluja, i de sobte, com si d'un truc de màgia es tractés, es produeix el gran miracle, i els set colors pinten el cel formant aquell arc meravellós, emmarcant el paisatge tan bonic que tenim fins i tot a les contrades més petitones de la nostra estimada terra. És un dels meus fenòmens preferits, perquè m'agrada copsar l'olor que fa la terra molla, com reverdeixen els camps després de la pluja i... us heu parat mai a escoltar el sorollet que fan els reguerons d'aigua que baixen pendent avall dels nostres carrerons més costeruts? És una meravella!

Quin episodi recordes especialment?

Com que ja tinc una edat, he viscut episodis de calor, riuades, ventades... Però d'entre tots, guardo un bon record de la **nevada de l'any 1962**. Jo llavors tenia nou anys i recordo que era difícil caminar per la neu. Ara no us sabria dir els centímetres que hi havia acumulats, però sí que la neu m'arribava als genolls, i duia unes botes d'aigua que en dèiem *katiuskes.* La neu es colava pel capdamunt de les botes i em baixava fins als peus... Quin fred! Però com la vam gaudir, amb la colla! De ben segur que la nevada va causar problemes, però a mi, a aquella edat, em van passar totalment desapercebuts.

L'ANÀLISI DE LA GEMMA I LA MÒNICA

La nevada del 1962 que la Montse ens explica amb enyorança va ser una de les més abundants, molt recordada no només pels gruixos de neu que va deixar a llocs poc habituals, sinó també perquè va arribar el dia de Nadal. A més a més, per Sant Esteve va sortir el sol i la gent va gaudir d'un dia de festa jugant i fotografiant la neu. Es considera la nevada més important del segle XX al Litoral i Prelitoral de Barcelona.

També va arribar a bona part de la resta de Catalunya, però els gruixos de neu més importants i el descens més marcat del termòmetre van ser a les comarques del Vallès Oriental i Occidental, Barcelonès, Maresme i Baix Llobregat, amb gruixos superiors als 80 cm.

MAPES

Dies abans de Nadal es va formar un potent anticicló al nord d'Europa que va arribar a 1.040 hPa. Això va portar aire molt fred a Catalunya, sobretot a partir del 23 de desembre, amb vent del nord i de l'est. Els dies 24 i 25 la temperatura a 850 hPa, a 1.500 m, era de -8 °C. El primer ingredient necessari per provocar una nevada ja el teníem: molt fred. Aleshores es va formar una borrasca entre Catalunya i les illes Balears que va afavorir l'entrada d'aire molt humit, especialment a la costa i al Prelitoral, que és on es van concentrar les nevades més importants. A la resta de la península Ibèrica el fred també va ser molt intens, però l'entrada d'aire fred va ser seca i, per tant, la neu no hi va arribar. La ciutat de Barcelona va ser la capital més afectada, i fins i tot es van veure imatges d'esquiadors baixant per la Rambla. Els bombers no donaven l'abast i l'aeroport del Prat va haver de tancar quatre dies.

La nevada va provocar molts problemes de trànsit. El transport públic no podia circular, tret del metro, i uns 6.000 vehicles van quedar atrapats a prop de la frontera. Que fos la nit de Nadal va fer que encara més gent patís les afectacions, com ara aquells que van assistir a la missa del gall de Montserrat.

El dia de Sant Esteve i el dia 27 van ser estables però molt freds. La temperatura, en molts casos, es va mantenir negativa durant tot el dia. Els registres de neu van superar el metre en alguns punts del país. Per exemple, en el cas del Vallès Oriental. A continuació mostrem la taula dels gruixos de neu al terra més importants:

Observatori	Comarca	Gruix màxim
Martorelles	el Vallès Oriental	110 cm
Vilanova del Vallès	el Vallès Oriental	102 cm
Castellterçol	el Vallès Oriental	100 cm
Granollers	el Vallès Oriental	100 cm
Llinars del Vallès	el Vallès Oriental	100 cm
Turó de l'Home	el Vallès Oriental	100 cm

La nevada també va deixar 60 cm de neu a Barcelona. Una neu que va arribar fins a la platja i en va canviar radicalment el paisatge. Aquell mateix any, el 1962, també és recordat malauradament pels aiguats que el 25 de setembre van provocar el desbordament dels rius Llobregat i Besòs, cosa que va generar una de les catàstrofes hidrològiques més grans que ha patit Catalunya. Va afectar principalment el Baix Llobregat, el Vallès i el Baix Maresme. Va deixar 700 víctimes mortals i abundants danys materials. Els registres de pluja van arribar als 200 mm en tres hores. On es va recollir més aigua va ser a Martorelles, amb 250 mm, 240 mm a Corbera de Llobregat i 223 mm a Terrassa.

CURIOSITAT

La paraula *katiuska*, que la Montse fa servir en el seu relat, prové del nom rus *Katiuska*, manera afectuosa d'anomenar la Caterina, protagonista d'una obra de teatre russa: *Katiuska, la mujer rusa*, estrenada l'any 1931 al teatre Victòria de Barcelona. Portava unes botes de canya alta que van acabar donant nom a les botes d'aigua.

Què en penses, de l'emergència climàtica?

Em preocupa moltíssim el futur del nostre planeta. Fa uns anys, potser deu o quinze, quan sentia a parlar de l'escalfament del planeta, pensava que en qualsevol moment es giraria la truita i ens cauria a sobre una altra Petita Edat de Gel, com la que va tenir lloc després de la segona meitat del segle XVIII. Però renoi, aquells grans blocs de gel es trenquen, les glaceres desapareixen, i mentre en un lloc del planeta tenen sequera a l'altre costat hi ha grans inundacions, i alhora es combinen grans extensions de terra cremades per innumerables incendis i grans borrasques devastadores que ho arrasen tot, tornados, tifons... Sembla que tot s'encamini cap a un gran desastre. Rius i mars contaminats per les nombroses deixalles que entre tots hi aboquem causen la mort de la flora i la fauna marina. Milions de persones moren de fam, però si repartíssim bé els aliments n'hi hauria prou per alimentar el doble de persones que habitem aquest planeta. Els països del Tercer Món són els més desfavorits i els primers que pateixen el canvi climàtic. A causa de la desforestació, tenen greus sequeres i moren per falta d'aigua i menjar.

La meva percepció és que ho estem fent molt malament. Probablement la industrialització ens ha abocat a tots aquests problemes, però ja és hora de posar-hi remei, que fem tard! La principal i més gran responsabilitat la tenen els polítics i governants, que es mouen més per diners i guanys que per fer un món més just i sostenible. A nosaltres ens toca també posar-hi el coll, potser en les coses més senzilles i petites, però que si les sumem podem fer que siguin grans solucions.

El nostre estimat planeta blau fa molt temps que gemega i no li fem cas. Solucionem-ho ja!

UNA MICA MÉS ENLLÀ

La Montse ens parla de l'**arc de Sant Martí**, que és un fenomen òptic que crida molt l'atenció i és dels més fotografiats. Per formar-lo, necessitem bàsicament pluja i sol. Els raigs de llum provinents del sol travessen les gotes d'aigua de la pluja. Entren, segons els nostres ulls, com un sol color, com a llum blanca. En trobar-se amb les gotes d'aigua de la pluja es descomponen en els seus colors reals i formen l'arc de Sant Martí. Els colors són, de fora cap a dins: vermell, taronja, groc, verd, blau, indi i violeta.

Si les gotes són més petites podem arribar a veure dos arcs de Sant Martí, i el segon s'anomena arc secundari. En aquest cas els colors estan invertits respecte a l'arc principal.

Potser quan éreu petits us havien dit que al final de l'arc de Sant Martí hi havia amagada una olla plena de monedes d'or. Bé, us ho diguessin o no, no cal que ho proveu, perquè no podreu arribar al final! De fet, l'arc de Sant Martí és en realitat un cercle i no un arc, però la presència de la superfície terrestre fa que només en vegem una part.

Al nostre cel podem veure altres efectes òptics que no són tan coneguts:

Glòria: es tracta d'un anell de colors, semblant a l'arc de Sant Martí, que es forma al voltant de l'ombra d'un objecte (un avió, nosaltres mateixos...) quan es projecta sobre un núvol o sobre la boira. És habitual veure-ho des de l'aire o des d'una zona elevada; per exemple, des de dalt d'un avió, o des del cim d'una muntanya amb el mar de núvols a sota.

Halo: és un arc o un punt blanc o de colors que es forma al cel. Normalment al voltant del sol o de la lluna. Els responsables de la formació són els cristalls de gel que constitueixen els núvols alts a les nostres latituds. Normalment s'associa a un canvi de temps, ja que els núvols alts tendeixen a anar al capdavant dels fronts.

Parheli o parseleni: es tracta d'una taca de llum blanca que de vegades es veu a un costat del sol o la lluna, o a les dues bandes, a la mateixa altura, i en casos extrems als quatre costats. Es pot veure quan la llum de l'astre en qüestió es reflecteix sobre els cristalls de gel que formen els núvols del seu voltant. Gran part dels raigs solars es desvien un angle d'uns 22º, que marca el radi del parheli.

CONCEPCIÓ BEÀ BARRUFET «LA CONXITA»

Juneda, 1951.

Jubilada.

La meva afició ve a través del padrí del meu marit, que donava les dades de pluja i neu a l'Agència Estatal de Meteorologia (AEMET) des del 1968. Després, hi vaig participar jo, i el 24 de gener del 2009 vaig començar a ser observadora de la Xarxa d'Observadors Meteorològics (XOM).

De gran volia ser mestra.

Quin és el teu fenomen preferit?

Encara que sigui molest, a l'hivern m'agrada el vent, perquè si en fa s'endú la boira. També he de dir que ben poques vegades tenim ventades fortes aquí, a Juneda. A l'estiu, com que a la nostra terra hi fa molta calor, m'agrada quan arriba la marinada a la tarda.

Quin episodi recordes especialment?

La ventada del 24 de gener del 2009. Va ser un dissabte a la tarda. Va fer patir, perquè al mateix temps es va incendiar la cooperativa del poble, i en temíem les conseqüències. Un altre episodi que recordo és **l'aiguat de l'octubre del 2019**, sobretot per les afectacions en l'agricultura.

L'ANÀLISI DE LA GEMMA I LA MÒNICA

La Conxita ens parla de dos episodis: la ventada del 2009, que també va marcar l'Esther Batalla, i **l'aiguat del 22 d'octubre del 2019**, que serà el que analitzarem.

En aquest cas el temporal va afectar tot Catalunya, amb pluges generals i extraordinàriament abundants a l'extrem sud del país. Sobretot al voltant de les muntanyes de Prades, des de la costa del Baix Camp fins a l'est de les Garrigues. Probablement molts de vosaltres ho recordareu com **la riuada del Francolí.**

MAPES

En aquests tres mapes podem observar la combinació perfecta per a la formació de pluges importants.

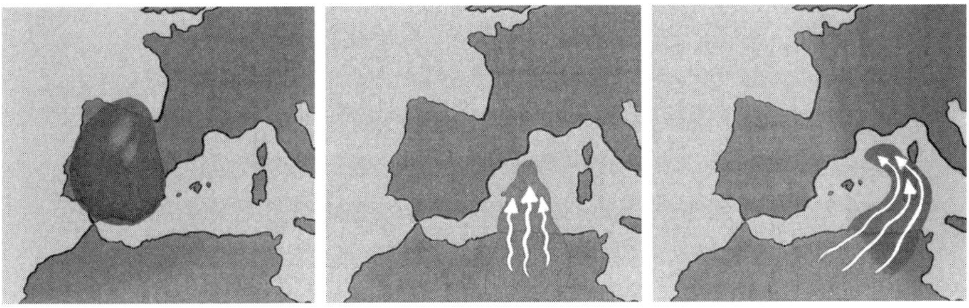

En el primer veiem el que es coneix com a bossa d'aire fred a les capes altes de l'atmosfera. És com una bombolla que té una temperatura més baixa que no pas el seu voltant. S'assembla a la gota freda.

En el segon veiem com a casa nostra hi ha un flux de vent càlid i humit que avança de mar cap a terra. Un mar calent i una gran aportació d'humitat és el combustible perfecte per generar fortes pluges.

En el tercer veiem una borrasca, una zona de baixes pressions davant de la costa, amb un llevant intens a la Costa Brava especialment.

A aquest triplet de condicions perfectes per a la formació de pluges torrencials, cal afegir-hi la geografia, que sovint també hi juga un paper important. En aquest cas, les muntanyes de Prades van ser un element clau. L'entrada del vent que venia des del mar, càlid i carregat d'humitat, hi va xocar i es va veure forçat a pujar. Aquest fet provoca la formació de núvols i de pluja. Si l'aportació de vent càlid i humit és constant, els núvols i les pluges es van alimentant i poden deixar en poca estona quantitats d'aigua importants i provocar inundacions. La zona més afectada i on es va recollir més aigua va ser a la capçalera del riu Francolí, a l'Espluga de Francolí, i a Montblanc. Els registres van fregar els 300 mm a Prades o a Vilanova de Prades, segons dades recollides pel Servei Meteorològic de Catalunya i la xarxa Meteoprades. De l'aiguat de Prades cal destacar que 190 mm van caure en menys de quatre hores, entre la nit i la matinada de dimarts a dimecres, i va agafar desprevingut a tothom. Van créixer de manera sobtada rius i rieres, i el riu Francolí va arrossegar tot el que trobava pel camí: arbres, roques i fins i tot un edifici. Va deixar un rastre de destrucció al seu pas.

REGISTRES

Les pluges més importants es van observar al Baix Camp i les Garrigues, segons les dades del Servei Meteorològic de Catalunya. Aquestes són les sis poblacions on va ploure més els dies 22 i 23 d'octubre.

Estació meteorològica	Comarca	Precipitacions
Prades	el Baix Camp	292,6 mm
la Pobla de Cérvoles (XOM)	les Garrigues	254,4 mm
Ulldemolins	el Priorat	216,8 mm
Montbrió del Camp (XOM)	el Baix Camp	208,8 mm
Torroella de Fluvià	l'Alt Empordà	206,3 mm
Vinyols i els Arcs	el Baix Camp	199,7 mm

El temporal no només va deixar registres excepcionals de pluja sinó que també va portar fenòmens extrems associats al temps sever, que es van repartir per tot el territori:

Mànega davant de la costa Central: la inestabilitat va provocar que es formés un **remolí de vent** sobre el mar (una mànega) davant de Vilanova i la Geltrú, Sitges i la costa del Barcelonès. Tot plegat només era el preludi del temporal que va arribar a la tarda i sobretot de nit i matinada.

Esclafit a Ventalló, Alt Empordà. Un *esclafit* és una **columna d'aire descendent molt violent** provinent de la base del núvol. Impacta contra el terra i s'expandeix de manera horitzontal generant vents molt forts en totes direccions, els quals van arrasar tot allò que trobaven pel camí. Va ser de matinada, i el soroll semblant al d'un tro sostingut va despertar moltes persones, que es van trobar bigues i coberts destrossats, arbres arrencats, fang als carrers... En aquella zona es van recollir 80 mm de pluja.

Tornado a Gualba, Vallès Oriental. Un tornado, com ja hem vist, és una **columna de vent que gira de manera violenta** i que va des de la base del núvol de tempesta (normalment un cumulonimbus) fins a la superfície de terra, xuclant o fent caure tot allò que troba al davant. En aquest cas també va ser de matinada i va afectar sobretot el càmping Parc Gualba, situat a la part més alta de la població. El fort vent associat al tornado va provocar ferits lleus, va moure cases prefabricades, va doblegar una torre elèctrica i va fer volar objectes.

Per diferenciar un tornado d'un esclafit, una de les anàlisis que es porten a terme consisteix a mirar com han quedat els objectes tombats. En el cas del tornado, que és un remolí, els arbres són a terra, caiguts de manera desordenada i seguint un recorregut; en canvi, en l'esclafit, que és un corrent violent aplanador, els arbres solen estar caiguts cap a fora de la tempesta i en una mateixa direcció.

CURIOSITAT

Hi ha quatre rècords relacionats amb la velocitat del vent. La màxima velocitat mai registrada a partir de les dades de radar va ser de 484 km/h en un tornado a Oklahoma l'any 1999. La màxima velocitat que es va registrar amb un anemòmetre va ser de 407 km/h dins del cicló Olivia a Barrow Island (Austràlia Occidental) l'any 1996. Un altre rècord, també mesurat amb un anemòmetre però fora d'un cicló, va ser de 372 km/h al Mount Washington, New Hampshire, el 1934. I l'últim, que es correspon a la mitjana diària més forta, va ser de 174 km/h a l'Antàrtida, mesurada l'any 1951.

Què en penses, de l'emergència climàtica?

Em preocupa molt la impassibilitat dels governs per fer-hi front, ja que tot el que puguem fer nosaltres reciclant i cuidant el medi ambient és un granet de sorra, comparat amb el que podrien fer ells.

UNA MICA MÉS ENLLÀ

A més de la ventada històrica del gener del 2009, la Conxita també esmenta l'arribada de la marinada les tardes d'estiu. Per aquesta raó aprofitem per fer un repàs al nom dels vents.

Rosa dels vents

És un diagrama on es representa el nom dels vents i la direcció des d'on bufen. Cal puntualitzar que quan diem que el vent bufarà del nord, hem de saber que aquell vent procedeix del nord, en comptes de dirigir-se cap al nord. El nom que reben els vents ens revela el sector geogràfic d'on venen.

Els vents a casa nostra i el seu significat.

L'origen del nom dels vents a casa nostra és romà, com veureu en les següents descripcions:

Tramuntana (vent del nord): *Transmontanum* vol dir «més enllà de les muntanyes». Segons els romans, és el vent procedent del nord d'Itàlia, dels Alps. A Catalunya es coneix especialment a la zona de l'Empordà, on bufa amb molta força. És un vent fred i sec.

La tramuntana dura un dia o una setmana.
La tramuntana tots els racons agrana.

Gregal (vent del nord-est): *Graegale* vol dir «referent als grecs». És el vent procedent de Grècia. A Catalunya també ens porta una baixada de la temperatura.

Gregal matiner, llevant tarder.
La pluja de gregal les pedres fa ballar.

Llevant (vent de l'est): *Levante* vol dir «aquell que s'alça». És el vent que bufa des d'on surt el sol. A casa nostra és un vent que arriba de mar cap a terra i ve carregat d'humitat. Normalment s'associa a les pluges.

El llevant duu la botella al davant.
Llevant bufador, pluja en abundor.

Xaloc (vent del sud-est): el nom podria provenir de l'àrab *shaluq*, forma romanitzada de l'arrel *suruq-*, que fa referència també a la sortida de sol o al sud-est. Acostuma a ser un vent càlid que arrenca del nord d'Àfrica i que, si va acompanyat de pluja, probablement serà pluja de fang.

Xaloc, molta mar i peix ben poc.
Xaloc, vent de fora i aigua prop.

Migjorn (vent del sud): *mig* i *giorno* fa referència a la posició del sol a la meitat del seu moviment. És un vent que també arrenca del nord del continent africà i a casa nostra arrossega partícules de sorra del desert del Sàhara. Si plou ho fa en forma de fang.

Vent de migjorn, pluja de jorn.
La tramuntana eixuga la camisa i el migjorn cou el pa.

Garbí o llebeig (vent del sud-oest): té l'origen en els termes *Tarabulus al-Garb*, que vol dir «Trípoli», i *libs*, que vol dir «Líbia». Si agafem de referència Itàlia, és des d'on bufa aquest vent. A Catalunya fem servir més el terme *garbí*, i al País Valencià i les illes Balears, *llebeig*. És un vent que bufa normalment a l'estiu a la costa i que pot anunciar l'arribada d'una depressió.

El garbí a les set se'n va a dormir.
De llebeig, aigua no en veig.

Ponent (vent de l'oest): *Ponente* vol dir «que es pon», en referència al sol. A Catalunya és un vent que arriba més aviat sec i reescalfat. Fa baixar molt la humitat i pujar les temperatures, cosa que provoca l'augment del risc d'incendis a l'estiu.

De ponent, ni aigua ni vent.
Vent de ponent, post el sol, post el vent.

Mestral (vent del nord-oest): *Magistrale* vol dir «mestre, principal». És el vent que bufa amb més freqüència a la península Itàlica. També es pot dir ***cerç*** o ***serè***. És un vent que a Catalunya es canalitza per l'Ebre i bufa especialment amb força a la meitat sud del país. Normalment, quan bufa el mestral, també ho fa la tramuntana, però per l'orografia de Catalunya, en un lloc bufa de nord i a l'altre de nord-oest. És un vent més aviat fred.

Es mestral és sa granera del cel.
Quan el mestral bufa fred, vara la barca i el barquet.

La marinada és un vent que es forma a l'estiu. El sol escalfa més ràpidament el terra que no pas el mar, i l'aire que hi ha just sobre terra va pujant, perquè és càlid i lleuger, fins al punt de deixar un espai lliure que queda ocupat per un vent provinent de mar cap a terra, que és més fresc i més humit. Aquesta entrada d'aire frena la pujada de la temperatura. Per aquesta raó, a l'estiu les temperatures queden més baixes en punts a prop del mar, on l'ambient és més suau, que no pas a l'interior, on la marinada triga més hores a arribar i el sol va escalfant sense parar. A la costa acostuma a entrar abans del migdia, i en punts com el pla de Lleida, ho fa a primeres hores de la tarda.

Marinada d'hivern, dia d'infern.
Marinada forta, pluja a la porta.

MAR GÓMEZ

Madrid, 1985.

Soc meteoròloga, doctora en Ciències Físiques i divulgadora científica.

Resideixo a Madrid.

Em dedico a la meteorologia professionalment des fa dotze anys. Actualment, soc la responsable de l'àrea de meteorologia de *eltiempo.es*, col·laboro en diferents mitjans de televisió, ràdio i premsa, i com a ponent en esdeveniments internacionals.

De gran volia ser astronauta.

Quin és el teu fenomen preferit?

Els tornados. Són un dels fenòmens meteorològics més violents i difícils de pronosticar que existeixen. La seva formació i desenvolupament és tot un repte per als que ens dediquem a la meteorologia, i crec que això els fa especialment atractius. Les supercèl·lules, que són el tipus de tempestes que acostumen a formar els tornados, i que són de grans dimensions, tenen un aspecte imponent i amenaçador que deixa instantànies meravelloses. És veritat que són perillosos i destructius, però conèixer el fenomen i determinar-ne el comportament pot ajudar a minimitzar els riscos i les víctimes.

Quin episodi recordes especialment?

Un dels episodis que recordo va ser a l'octubre del 2018, quan es va aproximar el que havia sigut l'**huracà Leslie**. Es va convertir en el cicló més potent que arribava a la península Ibèrica des del 1842, i en un dels huracans atlàntics de més durada. El comunicat del Centre Nacional d'Huracans dels Estats Units deia: «Es preveu que el Leslie porti vents d'intensitat huracanada a Portugal la tarda de dissabte com un poderós cicló post-tropical».

Així doncs, sabíem que arribaria, no com a huracà, però sí amb vents importants de cicló post-tropical. Jo no havia viscut mai res semblant. Va passar en cap de setmana, un horari fora del meu torn de feina, però era una situació absolutament excepcional, així que vaig decidir treballar des de casa i seguir el fenomen de ben a prop. Ens vam mobilitzar, creant mapes, notícies, informació per a mitjans de premsa i ràdio, entre d'altres. S'havia d'informar d'aquest fenomen tan atípic que havia de provocar vent fort i pluja en algunes zones del país. Semblava ciència-ficció, que un huracà s'apropés a Espanya, i és que, encara que Leslie va entrar a la Península com a cicló post-tropical, es va mantenir com a huracà a 200 km de la costa, i això va ser una situació realment insòlita.

No va ser l'únic tret especial d'aquest huracà: va estar a la deriva per l'Atlàntic Nord ni més ni menys que vint-i-dos dies fins que va arribar a nosaltres. Tot i això, no va mantenir en tot moment la categoria de tempesta tropical. És per això que no es va col·locar a la llista de ciclons més duradors.

Durant els dies previs a l'arribada, els pronòstics estimaven que com a molt podria afectar l'illa de Madeira o les illes Canàries més occidentals. Els models meteorològics anunciaven un gir en la situació quan només quedaven quaranta-vuit hores: l'huracà es dirigia cap a la península Ibèrica.

La següent previsió indicava que podria tocar terra al golf de Cadis. Encara quedaven més canvis en el pronòstic, ja que després es va pensar que ho faria a Lisboa i finalment ho va fer encara més al nord.

Va ser totalment impredictible i la clau a les últimes hores de pronòstic va ser el tàlveg, una zona on la pressió atmosfèrica és més baixa que al seu voltant i les línies de pressió formen una V. Aquell en concret procedia de latituds més baixes. Hi va haver moltíssims canvis i actualitzacions en la previsió en qüestió d'hores fins que finalment vam poder determinar la trajectòria amb un menor rang d'incertesa.

Però és clar, estàvem en plena festa del Pilar i la tornada a casa va coincidir amb les pluges associades a aquest fenomen, sobretot al nord-est peninsular. Tot i així, la pitjor part se la va endur França, amb onze morts i una acumulació en sis hores del que normalment plou en cinc mesos.

Encara que el recordo com un cap de setmana de molta feina i estrès, va ser una situació meteorològica inoblidable.

L'ANÀLISI DE LA GEMMA I LA MÒNICA

L'arribada de l'huracà Leslie, encara hauria estat més notícia si aquest llibre l'haguéssim fet fa uns quants anys, i és que la freqüència amb què aquest tipus de fenòmens s'acosten a casa nostra cada vegada és més gran. Actualment, les restes d'un huracà freguen la península Ibèrica per la zona de l'Atlàntic cada un o dos anys, i poc temps enrere això passava cada tres o quatre anys. La majoria d'estudis dels efectes del canvi climàtic parlen de l'augment d'huracans a Europa. Si mirem dades més concretes, l'any 2019 es van acostar per l'oest de la península Ibèrica tres tempestes tropicals per primera vegada. Es deien Lorenzo, Pablo i Sebastien. Si anem una mica més enrere, trobem l'huracà Ophelia, de categoria 3, que el 2017 va passar a 1.000 km de Galícia.

L'huracà Leslie va fer el recorregut següent:

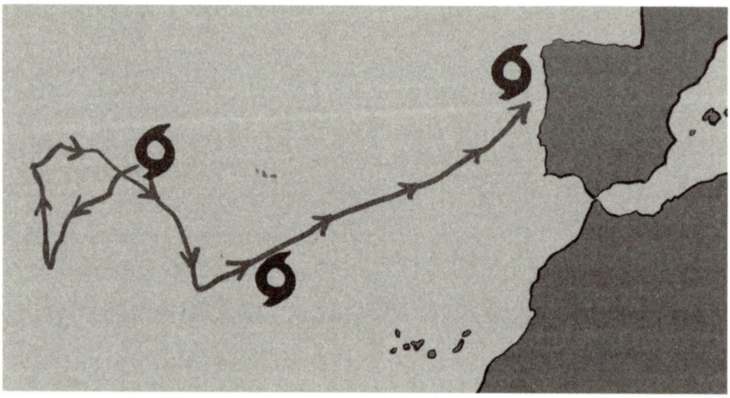

Va estar més de vint dies fent voltes per l'oceà Atlàntic fins a assolir la categoria 1 i finalment va posar rumb a la península Ibèrica. Abans de tocar terra a Portugal, però, es va debilitar i va entrar com a cicló post-tropical.

Però què és, un huracà?
És una borrasca molt profunda, amb un diàmetre entre els 400 i els 800 km, i un ull central. Es forma dins de l'aigua, a l'oceà. El de categoria 1 porta vents sostinguts superiors als 119 km/h, i el de categoria 5, que és la màxima, porta vents que poden superar els 252 km/h. La seva energia és l'aigua càlida del mar, per sobre dels 26,5 °C, que funciona com a combustible. En el cas concret del Leslie, es va debilitar quan es va acostar a Portugal i hi va trobar aigua més freda.

La situació d'emergència climàtica que tenim fa que no només el nombre d'huracans que poden acostar-se a la Península augmenti, sinó que també creix la tendència de formació de tempestes tropicals a l'Atlàntic, i cada cop més fortes. La temporada d'huracans del 2020 va ser de rècord per diverses raons:

- Va ser **la més activa de la història**. Mai s'havien format tantes tempestes tropicals en una sola temporada.
- Va ser **la segona vegada que es va haver de recórrer a l'alfabet grec** perquè es va acabar la llista de noms proposats. L'altre cop va ser la temporada 2005, recordada pel Katrina.
- **Sis dels huracans van tocar terra als Estats Units.** Aquestes xifres només s'havien assolit el 1886 i el 1985.
- **Es va afegir a cinc anys consecutius de rècord,** amb almenys un huracà de categoria 5.

REGISTRES

L'huracà Leslie es va convertir en una depressió post-tropical, i el que va arribar a casa nostra va ser un front associat. Quan es va situar al Mediterrani es va reforçar de nou i es va formar una borrasca que va deixar precipitacions de més de 100 mm al Prelitoral i al Pirineu de Girona. La següent taula mostra els registres del 13 al 15 d'octubre, on destaca Viladrau, amb més de 200 mm en 24 hores.

Estació meteorològica	**Comarca**	**Precipitacions**
Viladrau	Osona	209,5 mm
Ulldeter (XOM 1.999 m)	el Ripollès	185,8 mm
Molló - Fabert	el Ripollès	167,1 mm
Solsona	el Solsonès	153,5 mm
Núria (1.971 m)	el Ripollès	142,9 mm
Puig Sesolles (1.668 m)	el Vallès Oriental	141,4 mm

CURIOSITAT

Els ciclons tropicals giren com les agulles del rellotge a l'hemisferi sud, i en sentit contrari a l'hemisferi nord. Això és a causa de la força de Coriolis, provocada per la rotació de la Terra, que fa que els corrents d'aire que hi ha al nostre planeta no siguin rectilinis, sinó que pateixin un cert moviment rotatori. A l'hemisferi nord desvia cap a la dreta el moviment de masses d'aire i aigua, mentre que a l'hemisferi sud passa a la inversa i els desvia cap a l'esquerra.

Què en penses, de l'emergència climàtica?

Ens trobem immersos en una situació d'escalfament global provocat per l'acció de l'ésser humà i que els científics hem estat anunciant durant dècades. A dia d'avui, encara no s'han pres accions dràstiques. El canvi climàtic és cosa de tots, ja que tots formem part d'aquest problema. Quan parlem dels seus efectes i conseqüències, tendim a pensar en el futur, quan realment ja n'estem vivint alguns en l'actualitat. Les onades de calor cada vegada són més intenses i freqüents al nostre país, i les masses d'aire arriben més reescalfades que anys enrere. Els estius s'allarguen i ja duren més de cinc setmanes més que als anys vuitanta. Els episodis meteorològics extrems s'estan accentuant a escala global. En són exemple les inundacions, les sequeres, l'augment del nivell del mar i la continuació del desgel. En aquest món immers en un escalfament global accelerat fa falta un canvi social, educacional, polític, econòmic i empresarial per poder transformar el nostre model de consum cap a un món més sostenible i responsable amb el medi ambient. Sense aquests canvis i transformacions, el món que hem conegut es veurà enfrontat a canvis encara més radicals.

Sabem que el nostre planeta ha passat per diferents canvis climàtics, però aquests han succeït al llarg de milions d'anys. Ara mateix, però, estem vivint un augment de la temperatura en poques dècades. Els anys cada cop són més càlids i es preveu que la situació es compliqui encara més. Si nosaltres som part del problema, també podem contribuir a ser part de la solució. Està a les nostres mans ajudar a canviar les coses.

UNA MICA MÉS ENLLÀ

Per catalogar els huracans i saber-ne la força es va crear l'**escala de Saffir-Simpson**, que ens indica la intensitat dels huracans segons els vents sostinguts. La van desenvolupar l'any 1969 l'enginyer civil Herbert Saffir i el llavors director del Centre Nacional d'Huracans dels Estats Units, Robert Simpson. És una escala de cinc categories i cadascuna té associats un seguit de desperfectes que pot causar, basant-se en el coneixement i la utilitat d'una altra escala per mesurar un fenomen natural: l'escala de Richter.

CATEGORIES

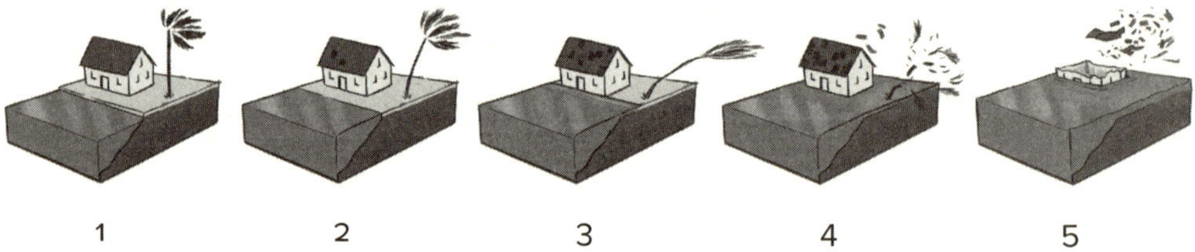

L'**escala de Richter** assigna un número, una magnitud, per quantificar l'energia que allibera un terratrèmol. Va ser creada el 1935 pel sismòleg nord-americà Charles Ritcher, amb la col·laboració del també sismòleg alemany Beno Gutenberg, amb l'objectiu de mesurar la força dels terratrèmols d'acord amb la seva magnitud, és a dir, amb la quantitat d'energia alliberada. És una escala oberta, ja que de moment no s'ha registrat cap terratrèmol de magnitud superior a 9,6. Tot i això, és possible que alguna vegada passi.

Magnitud	Descripció
Menys de 3,5	Generalment no es nota, però es registra
3,5 - 5,4	Normalment es nota, però si causa danys són petits
5,5 - 6,0	Ocasiona danys lleugers als edificis
6,1 - 6,9	Pot ocasionar danys severs en àrees on viu molta gent
7,0 - 7,9	Causa danys greus
8,0 o més	Destrucció total en comunitats properes

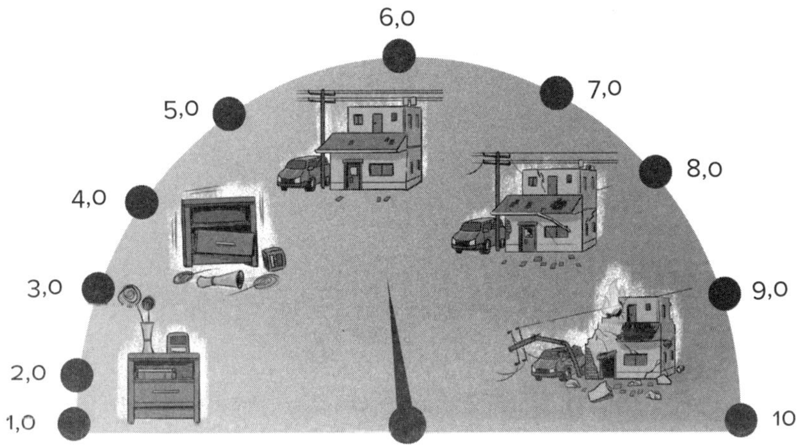

SILKE HANSEN

Giessen, Alemanya, 1968.

Soc presentadora del temps, cap del Departament de Meteorologia de l'ARD (Consorci d'Institucions Públiques de Radiodifusió de la República Federal d'Alemanya) i divulgadora.

Resideixo a Wiesbaden.

Em dedico a la meteorologia des del 1993.

De gran volia ser periodista.

Quin és el teu fenomen preferit?

La neu, perquè té formes meravelloses i molt diferents. Té una brillantor molt bonica i, quan cau de nit, és com veure màgia.

Quin episodi recordes especialment?

Fa uns quants anys, el 2015, vaig viure un medicà, que és un **huracà mediterrani**. Va ser una experiència molt especial. Dies abans, els models meteorològics ja anunciaven que la situació seria seriosa. Quan en un primer moment vaig veure la tempesta als models, no m'ho podia creure. Mentre avançava, tot indicava que allò seria un medicà i que portaria inundacions. Els models calculaven acumulacions d'aigua increïblement abundants. En aquell moment jo feia les previsions del temps per a un equip d'esports de motor i estava de gira amb ells. Al principi, quan vaig comentar al meu cap i a l'equip la formació del medicà, ningú em volia creure. Però va arribar, just com ho havia pronosticat. Va estar plovent durant un dia sencer. Molta pluja. Cubells plens. Una situació així només la coneixia pels monsons a Àsia. Més de 400 l/m2 en un sol dia. Carrers inundats, esllavissades... Va ser terrible. I després, de sobte, en només deu minuts va parar de ploure i es van obrir clarianes. El cel era blau i el sol brillava. Tothom va córrer cap a fora, mirant cap al cel amb incredulitat i em van preguntar què passava. Érem a l'ull de la tempesta. Va ser una sensació indescriptible. En aquell moment vaig entendre per què en les cultures antigues la gent acostumava a creure que hi havia una força major responsable del temps. I em vaig sentir contenta i afortunada que avui dia puguem pronosticar episodis com aquell i protegir la gent.

L'ANÀLISI DE LA GEMMA I LA MÒNICA

Si aquest llibre l'haguéssim escrit fa uns anys, en l'episodi que ens explica la Silke probablement no hi sortiria el terme *medicà*. La primera vegada que a Catalunya vam sentir a parlar d'aquest fenomen va ser el 2 d'octubre del 1986. Antoni Castejón va ser el primer meteoròleg que a l'espai del temps de TV3 va parlar d'un cicló mediterrani que va afectar les illes Balears. Amb el pas dels anys, aquests termes cada cop s'han anat utilitzant més, tant dins del món més purament científic com també als mitjans de comunicació, i cada cop ens resulta més familiar.

La Silke parla del medicà que va presenciar l'any 2015, però nosaltres n'analitzarem un que ens va caure més a prop. És el **medicà Rolf**, que a principis de novembre del 2011 va afectar Catalunya, però també França, Itàlia i Suïssa. En total va deixar dotze víctimes mortals. Va ser el primer cicló tropical mediterrani designat oficialment per la NOAA. Des de llavors, l'augment de fenòmens de temps sever ha fet que ens anéssim acostumant, gairebé cada any, a parlar de medicans o minihuracans mediterranis: el 2014 hi va haver el Qendresa; el 2017, el Numa; el 2018, el Xenofont; el 2019, el Bernardo, i el 2020, el Ianos.

Però què és un *medicà* o *minihuracà* mediterrani? En anglès s'anomena *medicane*, que ve de «***Mediterranean hurricane***». Podríem dir que tenen una certa semblança amb els huracans, però es formen al Mediterrani, i tenen unes dimensions més petites: un diàmetre d'entre uns 100 i 150 km. Tot i això, l'aparença a les imatges de satèl·lit és semblant: un ull ben marcat i l'espiral de núvols al voltant. Són borrasques profundes que es formen en trobar-se amb aigua càlida del Mediterrani, a més de 20 °C, i aire fred en altura. Una situació que, si persisteix, afavoreix que cada cop la depressió sigui més profunda i es pugui formar un medicà. Això es tradueix en fortes pluges i vent intens. Aquestes condicions són força més habituals a la tardor que la resta de l'any.

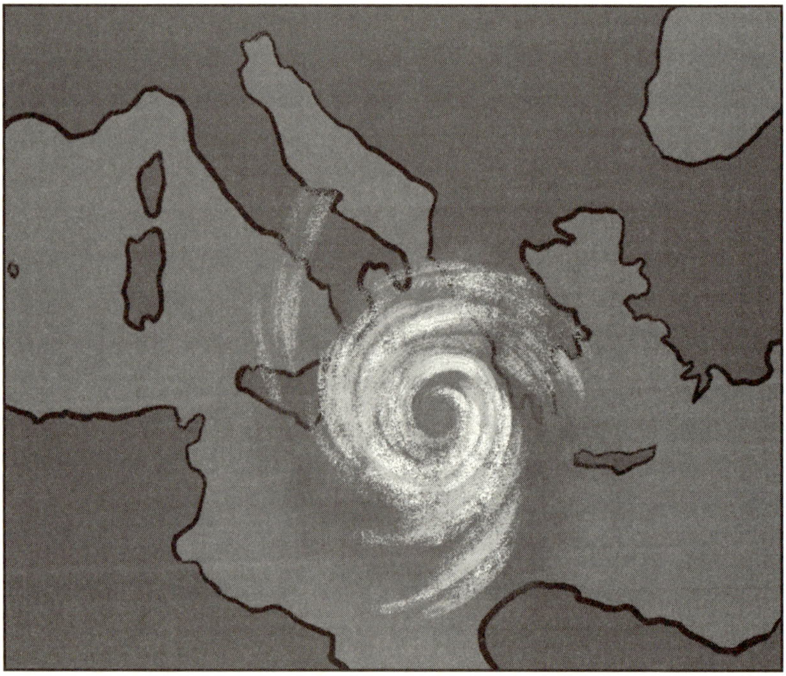

REGISTRES

El Medicane Rolf va deixar precipitacions que van rondar els 300 mm en vuit dies, de l'1 a 8 de novembre. Els gruixos de neu van ser en alguns casos superiors als 50 cm.

Estació meteorològica	Comarca	Precipitacions
Núria (1.971 m)	el Ripollès	293,8 mm
Ulldeter (2.410 m)	el Ripollès	265,2 mm
Certascan (2.400 m)	el Pallars Sobirà	262,6 mm
Òdena	l'Anoia	245,6 mm
Sant Salvador de Guardiola	el Bages	243,7 mm
Espot (2.519 m)	el Pallars Sobirà	225,8 mm

Què en penses, de l'emergència climàtica?

Si s'analitzen els estudis científics, és ben clar: el clima està canviant i la humanitat hi juga un paper important. Això ja es pot veure en diversos llocs d'Alemanya, on tot canvia. Els estius cada cop són més càlids, i un bon exemple d'això és que s'està començant a produir un vi que fins ara només es podia obtenir de les vinyes del sud d'Itàlia.

Se'm fa molt difícil que tanta gent no ho vulgui veure. Si en un dau treus un 6 una vegada, és normal; si el treus dos o tres cops seguits, et preguntaràs si és normal. Però si treus un 6 cinc o sis cops, tothom s'adonarà que això ja no és normal. Tot i així, encara hi ha molta gent a Alemanya que nega el canvi climàtic i ens acusa d'espantar i manipular la gent. Quan informem dels efectes de l'escalfament global a la televisió, sovint ens trobem amb alguna oposició (o amb poca disposició), però no ens deixem distreure i continuem informant.

UNA MICA MÉS ENLLÀ

La neu és el fenomen preferit de la Silke. Es tracta d'una precipitació en forma de petits cristalls de gel que cauen a terra ajuntats en flocs o volves. Perquè la precipitació sigui en forma de neu cal que hi hagi una temperatura de 0 °C, tot i que segons la situació concreta podem veure nevar amb temperatures més altes.

Mai cap floc de neu és igual que un altre. La forma hexagonal del floc de neu depèn de la temperatura, la humitat i l'altitud. La seva simetria és deguda als enllaços d'hidrogen que van formant els cristalls de gel.

Un cop la neu cau a terra, en podem tenir de diferents tipus: pols, dura, granulada... I d'ella en depenen alguns fenòmens. En volem repassar tres:

Borrufada: També anomenada *barrufada* o *rufagada*, depenent del lloc. Es dona quan el fort vent aixeca la neu i la fa volar. Aleshores sembla que nevi en zones allunyades d'on realment ho fa i on, fins just abans que bufés el vent, feia sol.

Torb: És un vent violent que arrossega la neu amb força i redueix del tot la visibilitat. El nom ve del llatí *turbo*, que vol dir «remolí». Resulta un fenomen molt perillós perquè si t'enganxa et desorienta totalment i t'hi quedes a dins sense saber cap on has de tirar. A més a més, el vent i les baixes temperatures combinades intensifiquen el fred i el risc d'hipotèrmia.

Allau: És una massa de neu que es desprèn sobtadament i cau muntanya avall. Durant l'hivern la neu es va acumulant en capes, una sobre l'altra. Les condicions de temperatura, humitat i vent faran que aquestes capes tinguin una evolució diferent i fins i tot poden quedar separades entre elles, no compactades. Llavors, amb qualsevol petit impacte, pot produir-se l'allau.

Quan les volves de neu, en el seu camí de caiguda, troben temperatures superiors a 0°C, es poden fondre i per tant arribar a terra en forma de pluja. Surten del núvol amb categoria de neu i impacten a terra com a gotes d'aigua. Si la neu està mig fosa, o cau aigua i neu barrejada, és quan es produeix el fenomen de l'aiguaneu.

GEMMA PUIG I FELIU

Berga, 1976.

Soc meteoròloga a TV3 i Catalunya Ràdio.

Resideixo a Sant Cugat del Vallès.

Em dedico a la meteorologia des de l'any 2001. Vaig començar a treballar en una empresa de la Corporació Catalana de Mitjans Audiovisuals, on es feia Canal Meteo. El 2008 em vaig iniciar al canal 3/24, i després vaig passar a TV3 i Catalunya Ràdio.

De gran volia ser astronauta o professora.

Quin és el teu fenomen preferit?

La neu, m'agrada veure nevar: el color del cel previ, els canvis que experimenta el paisatge, la sensació d'obrir la finestra al matí i veure-ho tot blanc... Potser també hi influeixen els bons records que en tinc de quan era petita, i és que quan nevava amb ganes no anàvem a escola i podíem jugar a fer ninots de neu al carrer.

Quin episodi recordes especialment?

Us parlaré de dos episodis, dues experiències que vaig viure de manera diferent. El primer el vaig patir en persona i l'altre treballant.

Les tardes d'agost al Berguedà són sinònim de tempestes i temperatures en descens, un fet que ens fa pensar que l'estiu ja s'està acabant. Aquestes tempestes eren més freqüents fa uns anys que no pas ara. El dia 8 d'agost del 2018 jo estava de vacances i havia anat amb la família a passar el dia prop de Sant Jaume de Frontanyà. Després de dinar, tornàvem cap a Berga i el cel cada cop era més fosc. Aviat va començar a ploure. La veritat és que, com que estava de vacances, no recordo si vaig mirar els mapes del temps. Desconnectar una mica sempre va bé. Cada cop plovia més i vam haver de parar el cotxe. La tempesta era molt forta, amb vent i tot. No es veia res i no podíem ni conduir. Primer van començar a caure pedres petites, però a mesura que avançava, les pedres cada cop eren més grans. Mai he vist una pedregada tan forta al Berguedà. En alguns indrets van caure pedres de més de 4 cm que van trencar vidres i van fer malbé els cotxes. Una pedregada mai vista!

Una mica més recent recordo l'aiguat de l'octubre del 2019. El dia 22 vaig seguir la situació des de la redacció; pluja intensa, de més de 200 mm a les muntanyes de Prades, cosa que va provocar el creixement de torrents, rius i rieres. El dia 23 es va gravar el Telenotícies Comarques especial des de Montblanc. Allà, el riu Francolí va passar en pocs minuts de 2 a 185 m^3/s i va arribar gairebé als 900 m^3/s, emportant-se tot el que trobava per davant. L'equip va arribar abans que jo. Un cop a Montblanc, vaig haver de deixar el cotxe a l'entrada del poble i continuar a peu. Caminant cap al lloc on havíem de fer la connexió, el Pont Vell de Montblanc, els carrers estaven plens de fang; la gent netejava davant de casa seva i, quan vaig arribar al pont, la imatge era impactant: el Pont Vell ple d'arbres i fang, les cases del costat del riu destrossades, un cotxe sobresortint del garatge... Tot destruït, difícil de descriure amb paraules. La gent del poble ens ensenyava el lloc on hi havia hagut una casa, al costat del riu, i on de sobte no hi havia res. S'havien quedat sense casa. També n'hi havia que ens deien que per sort tenien el garatge a baix i els dormitoris a dalt; si no, l'aigua se'ls hauria endut. Recordo que ens van explicar que a la nit, veient els llamps mentre plovia, no entenien com un tro podia durar tant. No era un tro, era el soroll del riu que baixava carregat d'arbres, troncs, fang i que ho destruïa tot al seu pas. Quina sensació d'impotència i fragilitat que ens sorgeix davant de fenòmens extrems d'aquest nivell.

Què et preocupa de l'emergència climàtica?

L'emergència climàtica ens ha de preocupar a tots; en pocs anys hem passat de preguntar-nos si existia el canvi climàtic a parlar de crisi climàtica i d'emergència climàtica. Això implica que, ara més que mai, a més de pensar-hi, hem d'actuar. Ja n'estem notant els efectes i ho notarem més en els pròxims anys si no hi fem res. L'aigua serà un dels motius principals de tensió en els anys vinents: pluges torrencials, més inundacions i més risc de sequeres. Tindrem temperatures extremes, amb més onades de fred i més onades de calor. Tot això ens durà a migracions climàtiques, i és que segons els experts, el 2050 hi haurà uns 200 milions de persones desplaçades per problemes derivats del clima: seran els refugiats climàtics. El 2050 és cada vegada més a prop. Tenim molta feina per aconseguir l'objectiu de zero emissions de CO2. Cal, però, tenir esperança: entre tots hi podem arribar. Hem d'aprofitar que en els darrers anys el canvi climàtic ha tornat a ser present als informatius i a les portades dels mitjans, en part gràcies a l'activista Greta Thunberg i a les noves generacions que en patiran encara més les conseqüències i que han decidit actuar. En l'àmbit professional també tenim la responsabilitat de fer arribar als oients i als espectadors el que està passant i el que passarà, i així, entre tots, treballar per mitigar, frenar i adaptar-nos al canvi climàtic.

MÒNICA USART RODRÍGUEZ

Molins de Rei, 1984.

Soc meteoròloga a RAC1 i RAC105.

Em dedico a la meteorologia des de l'any 2008. Vaig començar al canal 3/24, després vaig passar per BTV, i l'any 2010 vaig començar a RAC1 i RAC105. Durant set anys també vaig ser la meteoròloga de l'*Arucitys*, a 8tv.

De gran volia ser astronauta o caçadora de tornados.

Quin és el teu fenomen preferit?

Els tornados. Sempre m'ha semblat un fenomen espectacular, d'una gran bellesa plàstica i alhora molt destructiu en molt poc temps. El tornado és misteriós i encara amaga molts secrets que fan que sigui difícil de pronosticar. És complicat predir-ne el recorregut exacte i la força, i fins i tot pot sorprendre els més experts canviant de direcció de manera sobtada. És indomable.

Quin episodi recordes especialment?

Un dels episodis que recordo més és la nevada del 8 de març del 2010. Va ser el temps que vaig estar sense treballar, entre que vaig deixar el 3/24 i vaig entrar a RAC1/RAC105. Em vaig llevar de bon matí i vaig agafar el cotxe per anar a casa els meus pares. Jo vivia al centre del poble, i ells a la zona alta. I allò que a la zona baixa era aigua, a casa els pares ja era neu. Aquell dia tenia una entrevista de feina a Televisió de Girona i els vaig trucar dient que, vista la previsió del temps, valia més que em quedés a casa. Ho van entendre i al final la situació va acabar demostrant que havia pres una bona decisió.

L'emoció anava a més: vaig estudiar mapes i radars mentre mirava per la finestra, veient com aquella nevada (que va acabar sent històrica) anava agafant forma. Volia compartir-ho amb algú i vaig trucar a la Sarai Sarroca, que també viu a Molins de Rei. Vaig anar a casa seva i, després d'analitzar els mapes juntes, vam sortir a caminar encara més amunt, cap a Collserola. A mesura que pujàvem d'altitud vèiem com la neu anava agafant i feia una fina capa blanca. Compartir aquest moment amb una persona que viu la meteorologia amb la mateixa passió que tu no té preu.

Vam tornar cap a casa i mentre dinava amb els meus pares veia com a fora cada cop s'acumulaven més centímetres. La nevada obria tots els informatius i jo, en part, maleïa estar sense feina. Poder explicar un episodi com aquest des de darrere del micròfon o la càmera és molt emocionant per a les dones i els homes del temps, i dona encara més sentit a les nostres feines. Després de dinar vaig anar a peu a buscar la meva parella a l'estació, que va arribar amb l'últim tren abans de suspendre el servei (agafar el cotxe ja no era factible si no et volies quedar tirat a mitja pujada). Aquell dia molts molinencs van tenir problemes per arribar a casa perquè no circulaven ni busos, ni trens, ni cotxes... Als pobles i a les ciutats, tan transitades normalment, hi havia silenci, aquell silenci que la neu per si sola ja ens porta i que a causa de l'aturada de la circulació encara es va accentuar més. Es van acumular gruixos de neu d'entre 5 i 10 centímetres a la ciutat de Barcelona i voltants, prou per col·lapsar totalment el país. Des de llavors, l'esperança de veure una gran nevada a Barcelona s'ha allargat fins al mes de març, mentre que temps enrere, al febrer les expectatives baixaven en picat.

Què et preocupa de l'emergència climàtica?

El que més em preocupa és la dificultat per fer entendre a gran part de la població que és un problema real i que no cal esperar anys a veure'n els efectes, perquè ara ja els comencem a notar. Des dels mitjans de comunicació tenim la gran responsabilitat d'aconseguir que el missatge arribi a tothom de la manera més clara i concreta possible, i molts cops aquesta tasca recau en els meteoròlegs. L'objectiu acaba sent que la gent vegi que el problema és prou greu per començar a actuar des de casa, a més de fer reaccionar els governs. Personalment, he tingut la sensació de picar pedra durant anys per intentar explicar aquesta problemàtica d'escala mundial, i, per sort, ara fa tres o quatre anys que les notícies lligades amb l'escalfament global van escalant posicions i agafen més protagonisme. D'una banda, perquè ja estan passant coses: rècords de calor a Sibèria, la fosa del gel de l'Àrtic fins a límits mai vistos, la desaparició de les glaceres, pluges torrencials que provoquen inundacions amb quantitats d'aigua de rècord, l'ascens del nivell del mar, fenòmens extrems cada cop més violents... I d'altra banda, perquè hi ha gent que s'ha posat al capdavant de la lluita i s'ha fet escoltar: són científics o activistes, com la Greta Thunberg, que ens han obert el camí per poder-nos explicar. Alhora, també trobem persones que no creuen en el canvi climàtic, un canvi provocat pels humans. Aquesta gent també ens ha facilitat la tasca de fer aquest problema més visible, com és el cas de Donald Trump: gràcies a tots ells, els meteoròlegs dels mitjans de comunicació hem trobat un forat encara més gran per explicar què està passant, què passarà i quins canvis podem fer perquè el desenllaç no sigui tan dramàtic.

Cloenda

Després de parlar amb totes aquestes dones hem vist que, com també passa amb altres coses de la vida, recordem més els dies moguts que no pas els tranquils. De les quinze entrevistades, la majoria han recordat aiguats, ventades, nevades... Cap d'elles ha recordat un dia de sol radiant, d'anticicló i sense calor extrema. Gairebé el 50% han recordat tempestes, pedregades o aiguats; més d'un 25% han escollit nevades, i la resta s'han repartit entre ventades, huracans i onades de calor.

Pel que fa als fenòmens preferits, al capdavant hi ha sis dones que han triat tempesta o pedregada; en segona posició hi ha l'arc de Sant Martí, el tornado i el vent; la resta s'han decantat per les boires, la neu o els lenticulars. És clar, pesa més el temps mogut.

Aquestes són les conclusions extretes de les nostres quinze entrevistades, a qui aprofitem per agrair l'esforç i la dedicació, i més en el moment que ens ha tocat viure a l'hora d'escriure aquest llibre, a distància i parlant a través de la pantalla. De ben segur que podríem fer-ne un altre amb quinze dones més relacionades amb la meteorologia i el clima. Les reservarem per al pròxim llibre. De moment, esperem que hàgiu gaudit d'aquest!

Agraïments

Abans de tancar aquest llibre volem agrair a l'editorial Univers haver confiat en el projecte d'*Atrapades en el temps.* Gràcies a l'Ester Pujol i a l'Anna López per donar-nos l'oportunitat de fer visible la feina que fan tantes dones mirant el cel cada dia. Agraïdes també al Jose López, el nostre estimat editor, per la paciència que ha tingut i per, sense saber-ho, haver-nos donat energia i força per anar fent i acabar aquest projecte. No ha estat fàcil tenint en compte les circumstàncies de confinament i de pandèmia, que ho han complicat una mica més. Gràcies, Josc. Gràcies a l'Àlex Santaló per il·lustrar les nostres explicacions. Parlar de ciència no és fàcil, i una bona ajuda gràfica ho pot aclarir tot. Gràcies a l'Eloi Cordomí, company de professió i amic per sobre de tot, que ha sabut trobar les paraules adequades per obrir les portes d'aquest recull de testimonis. I, per descomptat, gràcies a les quinze dones que amb il·lusió i rigor ens han contestat els qüestionaris. Gràcies Mònica, Carme, Sarai, Sònia, Pili, Núria, Xesca, Carme, Montserrat, Esther, Concepció, Silvia, Mar, Anna i Silke. Sense vosaltres aquest llibre no existiria.

Gràcies també al Tomàs Molina per haver-nos unit. La Gemma i la Mònica, la Usart i la Puig, no s'haurien trobat si el Molina no s'hi hagués fixat.

Finalment, una abraçada enorme a les nostres famílies, que en època de confinament, de teletreball i de canvis, ens han donat suport per fer possible aquest projecte. Us estimem.

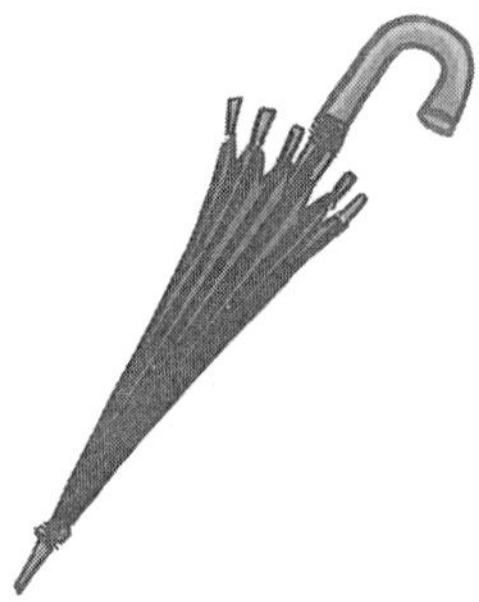